古 人 很 潮 MOOK 书 系

汉风潮流志

编　　著

漫娱图书　长江出版社 CHANGJIANGPRESS

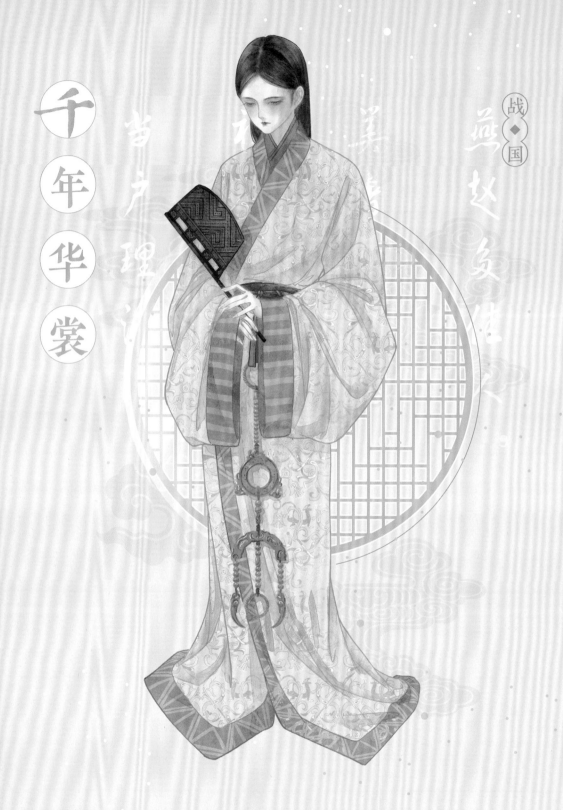

千年华裳

战国
燕赵女性

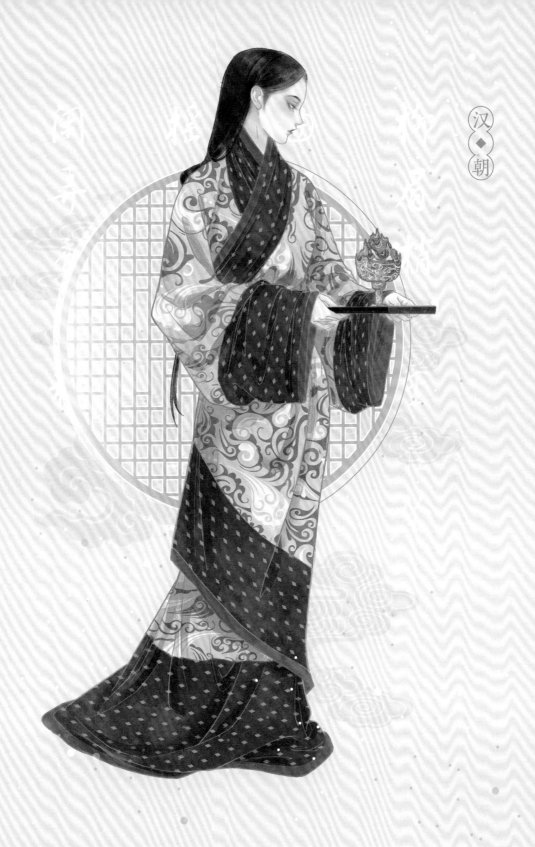

汉◆朝

魏
◆
晋

紫绮为

耳

头上倭堕髻

初◆唐

月下逢

云想衣裳

若非

凝绿

云想衣

西方有佳人，皎若白日光。

魏◆晋

宋◆朝

风柔日薄春犹早，夹衫乍著心情好。

科普撰写∷梅雪无名

考据／编校∷梅雪无名／无劫缘／酸菜春笋

插图绘制∷南山归鱼／小夏／三两声／鱼泡／撷芳主人

目录

穿 越

华
◆
夏

华夏穿越指南

想必你一定很疑惑,你只是不小心买了一本书而已,怎么突然被强行召唤进了这个空间?

偷偷告诉你,你即将进入的,是一个名为"华夏"的绚丽世界。

服章之美谓之华,礼仪之大谓之夏。

华夏是衣冠古国、礼仪大邦。万国来朝,为它的风姿而倾倒。

华夏的历史源远流长,服饰更是精绝无双。

随着时间的流逝,华夏的服装逐渐有了一个响亮的名字——"汉服"。

在很长一段时间里,汉服被人们遗忘,被抛到了脑后。又过了很长时间,人们从历史的片段中找到它,并惊叹于它的美。

你身上穿的,可能就是这么一件凝结了千年时光的汉服。你看着它,脑子里生出许多疑问,历史上真的有这种形制的衣服吗?

古代小姐姐喜欢穿哪种款式?

你的疑问,在这个世界里都会有解答。

如果进入了这次汉服之旅,你会穿越千年,回到令你魂牵梦绕的时代,观赏古代时尚的模特大 Show。

指 南

你将追随辛追夫人[①]的步伐,一睹最轻襌衣——素纱襌衣的风采;

你将回到华冠丽服的唐朝,看杨贵妃舞动她绚丽的石榴裙;

你将和李清照一起,挑选去灯会游玩的衣服,嬉笑着陪她邂逅赵明诚。

你会发现,那个时候的少女的生活一点儿都不单调,打开她们的发簪收藏夹,个个都是 Vogue 精品。

除了令人眼花缭乱的服饰之外,你还将来到古代小姐姐们的妆容频道,她们将告诉你各种美妆小 tips,让你更加美美美。

另外,【汉风潮流频道】新晋上线,玩转汉服的 108 种穿搭方法,已经为你准备好。

这里是绮罗珠履的华裳九州,这是海纳百川的中国精神。

请在这里签上你的名字,开启我们的冒险吧!

①另说为"避夫人"。

Han

Feng

Ni

Chang

汉—魏晋南北朝

第 一 章

欢迎来到【汉风霓裳】服饰频道。

汉朝人民是不是穿的和电视剧里的人一样朴素？

辛追夫人的素纱襌衣到底长什么样？

古代也有"女装大佬"吗？

竹林七贤里的名士们都穿些什么？

你想知道的一切，这里都有！

西汉篇

穿衣层次

1 单襦

2 襦

3 襌衣

4 裈(kūn)

5 袴(kù)

6 裙

UP 主辛追（避）夫人

在我们西汉早期，衣物基本继承自先秦时期，战国时期流行的直裾式曳地长衣，到了西汉，贴身穿的便成了曲裾式汗襦，比如我的睡衣就是一件曲裾式的汗襦。

你可能会觉得有些奇怪，汗衫去哪里了？

不好意思，我生活的时代和你们想象中不同，后面朝代流行的贴身汗衫（衫子）还没有出现，我们穿的贴身衣物叫汗襦，单层时，称为单襦；当有夹层时，称为袷襦；填充丝绵时，则称为複襦。

曲裾长襦和素纱襌衣，都是我爱不释手的单品，之后有机会会跟大家详细介绍！

曲 裾 长 襦

无劫缘考据小 tips

· · ·

襦是不过膝盖的衣物，长于膝盖的襦是长襦。襦之下可以衬裤子，也可以衬裙子。

但由于长襦的流行，一般很难见到这类画像资料，因为它们都被长长的上衣遮住了。

Han Dynasty

直裾长襦

曲裾

VS

直裾

与人见人爱的曲裾（jū）长襦一样，西汉还有一种直裾式的汗襦也广受欢迎。直裾下摆部分为垂直剪裁，上身后呈现出一种优雅的鱼尾形态。

划重点　　HUA ZHONG DIAN　　谨记这个考点

直裾与曲裾都并非形制的名字，指的只是衣裾的样式，所以你们会看到直裾袍、直裾襌衣、直裾长襦等不同的衣服名字。

衣

直裾长襦＋素纱襌衣

"衣"可以理解成我们今天的外套，是秦汉时期小姐姐们爱不释手的 百 搭 单 品。
它是先秦深衣的延续，分裁制，分为直裾式、曲裾式两类。

该类衣物单层时称为襌衣，有夹层时称为袷（ jiá ）衣，填充丝绵时称为复衣。

长沙马王堆出土的著名的"西汉直裾素纱襌衣"便是一件由纱制成的薄如蝉翼
的时尚单品，它的重量只有 49 克。

敲黑板 　 *QIAO HEI BAN* 　 谨记这个考点

"衣"的袖子窄而通袖[①]短，能露出里层的襦。其中曲裾式可缠绕多层，出现壁
画中层层叠叠的缠绕效果。

西汉出土的直裾素纱襌衣

①通袖：泛指中国传统服饰中的长袖款式，也指衣服平铺后，左袖口到右袖口距离。

素 纱 禅 衣 一 生 推

文/狸花喵子

作为一个吃瓜把自己吃死的贵妇，辛追一定相当郁闷。

当年，刘邦建立西汉，曾经分封了八个异姓王。可是西汉疆土辽阔，异姓王待在天高皇帝远的封地，各据一方闷声发大财，渐渐有了与中央对抗的能力。

没多久，老刘就把七个异姓诸侯王逐一剪除了，就连建国第一功臣楚王韩信都没有放过。

唯一的幸存者，是长沙王吴芮。当时的长沙国跟南越国（今广州）毗邻，刘邦虽然心痒痒想削藩，又怕一动手就会逼得长沙王投靠南越。

咋办呢？馅饼从天外飞来，掉在了辛

追的丈夫利苍头上。

老刘决定给利苍加官进爵，派他前去监督长沙王。

利苍就这样空降成了长沙国的丞相。

贵为丞相夫人的辛追，也算是当时女性中的人生赢家了吧。

倒霉的是，差不多30岁的时候，辛追就开始了守寡生涯，不仅中年丧夫，还晚年丧子。儿子去世5年后，50岁左右的丞相夫人走到了自己的人生尽头。

时逾两千多年，湖南长沙的马王堆古墓在1972年被打开。巨大的棺椁中，辛追形体完整，全身润泽，还有着完整的皮肤。不仅毛发尚在，手指和脚趾纹路清晰，甚至连肌肉都尚有弹性，部分关节还可以活动。

千年女尸重见天日，生前体内的秘密在解剖官的刀下一览无余。她的食道里有食物残渣，小肠里还有138颗半甜瓜籽。

不管怎么说，辛追奶奶生前吃甜瓜，居然不吐籽，也不咀嚼，就把这一百多颗甜瓜籽生吞了下去，这瓜吃得未免太凶猛了一点。

这位酷爱吃瓜的女士，就是素纱襌衣的主人。

"这个字，百分之九十九的中国人都念错了！转到你的朋友圈，朋友都会感激你！"

这里说的，是素纱襌衣的"襌"字。因为这个字上过人教版的中学历史课本，所以绝大多数人应该都对它有点印象

也许有人要问了：不就是禅（chán）的繁体"禪"么？不就是大名鼎鼎的"素纱禅衣"么？

摇手指。

《佛学大辞典·禅衣》告诉我们，禅衣指的是禅僧所着之衣、禅家特殊之衣，是一个佛学专用词汇。

襌，念作dān，同"单"。它是一个独立的汉字，并不是禅的繁体。

《释名·释衣服》里则说："襌衣，言无里也。"

一句话，所谓的襌衣，就是轻薄无内衬的单衣。

白居易在《寄生衣与微之》中这么写："浅色縠衫轻似雾，纺花纱袴薄于云。莫嫌轻薄但知著，犹恐通州热杀君。"

这也太夸张了。什么样的丝织品，可以缥缈如雾、轻薄若云？不过，艺术作品嘛，夸张一点博眼球，也可以理解。直到素纱襌衣出现在世人面前，我们才知道，老白诚不我欺。

只怪我们见识少，没有见过这么轻薄的衣服。

从衣领到下摆，衣长 1.28 米；袖子展开从左到右，竟然长达 1.9 米；除此之外，在领口和袖口还镶着厚厚的绒圈锦。

即便如此，这两件宽袍大袖的衣服一件只有 49 克，另一件只有 48 克。还不到一两重！折叠后，这件不盈一握的衣服可以放入一个小小的火柴盒里。

那么问题来了：这么轻薄透明的衣裳，既不保暖，也不遮羞，辛追奶奶当年是怎么穿的呢？

于是很多学者推断，素纱襌衣是一件外衣。

身为丞相夫人，辛追在衣服的最外面罩上这么一件薄如蝉翼的透明襌衣，不仅可以遮挡外界的尘土，又能让里面美艳的锦衣纹样若隐若现，可以说是两千年前的"心机装"了。

从辛追的墓葬中，一共出土了一百多件丝织品和衣物，丝绸、刺绣、织锦应有尽有，包括各式各样的袍子、衣服、鞋子，甚至连手套和袜子都不缺。

但是，即使在辛追奶奶这么琳琅满目的衣帽间里，素纱襌衣依然是最叫人目瞪口呆的一件。

因为它实在是太轻太轻了。

在丝织学上，有一个叫作"旦"的计量单位。旦数越小，纤维就越纤细。现代的高级丝织物乔其纱，纤度是 14 旦，而素纱襌衣的纤度，居然只有 10.5 至 11.3 旦，而丝的直径只有成年人头发直径的十五分之一。

现代工艺做成的素纱襌衣复制品，竟然比原版还重。

两千多年前的人，到底是从哪里找到如此纤细的蚕丝呢？

请不要忘记时间的力量。纺织工艺早已不是两千多年前的纺织工艺。蚕宝宝难道还会是两千多年前的蚕宝宝吗？

时光回溯，在西汉时期，人们所饲养的蚕品，并不是现在我们看到的那种白白胖胖的家蚕，而是三眠蚕。

如今，家蚕一生要休眠四次，蜕四次皮，所以被称为四眠蚕。

而在西汉的时候，蚕的一生休眠三次，脱三次皮。别看它比起四眠蚕只少了一个眠期，但它的体重可就得轻多了。三眠蚕只有一克多重，要四五条加在一起才约等于一条四眠蚕的重量。

三眠蚕的身体小，口腔小，吐丝孔也小，吐出来的蚕丝纤度自然不是一般地细，使用这种丝做成的丝织品，也就高度透光、极其轻巧了。

说了半天，既然三眠蚕这么好，人类为什么要转而培育四眠蚕呢？

事实上，四眠蚕产量高、丝质优。只是，它更容易得病，所以养殖四眠蚕是需要一定的技术含量的。四眠蚕正式取代三眠蚕，才是我国丝织业重大进步的标志。

这个标志的时间节点大约在北宋，也就是从那时候起，我国的蚕业中心南移了。今人说起丝绸，首先想到苏杭，就是这个道理。

织造一件精美绝伦的国宝，是需要无数人付出智慧、经验和劳力的。

与石器这样可能是在偶然中被制造出来的文明标志物不同，丝织品成型的每一步都需要精密的工艺。

通过对丝纤维种类的鉴别，素纱襌衣的纤维原料被确认为家蚕丝。这告诉我们，西汉人已经在养殖蚕、种植桑了。

纤细均匀的三眠蚕丝，向我们述说着那时出色的缫丝技术。

轻薄透明的素纱，又体现了那时纺织机杼的高超水平。

辛追奶奶的素纱襌衣，与其说是一件衣服，不如说是西汉初期种植业、畜牧业、机械制造业、轻纺工业的结晶，是以上所有内容和审美艺术结合而成的大礼包。

还有什么，比这样一份大礼包更能体现一个时代的文明程度呢？

文 / 瑶华

西汉纹样频道

UP 主辛追（避）夫人

主持人：各位老铁！隆重欢迎来自两千多年前的长沙国的嘉宾光临本直播间，为我们做西汉时期的美学主题直播！她就是长沙国丞相夫人，让我们亲切地称呼她为辛追娭毑（āijiě 奶奶），礼物刷一波……娭毑您拿的是口罩吗？

辛追：我拿的是绀绮信期绣熏囊。就是用黑红色的绮罗做成、镶着素绢边的香囊。我们楚地气候潮湿，容易生疫病，多闻闻香草的香气，提神醒脑。这个呢，是深黄绢地信期绣夹袱，用来包裹东西的。

· · ·

主持人：到底什么是信期绣呢？我们一起来看一下，这个纹样图案似乎比较小，用到的颜色却不少，有朱红、深绿、棕色……看上去像是卷曲的云朵，又像有叶子的图案，但好像还有一只只长尾巴的小鸟？

辛追：说对了，信期绣除了流云和卷枝花草纹样，最重要的主题是燕子。每一个小花纹基本都是这样组成的，上面是一朵棕色或绛色的流云，下面是用朱红、深绿、黄绛等不同颜色绣成的燕子，周围围绕着深绿色间杂朱红色的花草叶蔓。"信期"是因为燕子年年南迁北归，恪守信约，所以用"信期"代称。燕子飞到堂下筑巢，养育小燕子，也寓意人丁兴旺、子孙满堂。

主持人：这么一说还真像，小燕子的"S"型造型有着很强的流动感，它昂头挺胸，长长的尾翼与花草祥云自然融合，像是立在阳春三月的花枝上，又像是在春日的云间飞舞，让人想起"微风燕子斜"的诗句。这么看，西汉时期的人是真的很喜欢祥云的意象啊！

辛追：是啊，还有一种纹样叫"乘云绣"，在绢、绮上绣出漫天飞卷的流云，还有在云中露出头的凤凰、仙鹤、爰（yuán）居。

本文图片均来自于湖南省博物馆

主持人：凤凰和仙鹤我们都知道是吉祥鸟，爰居是什么呢？

辛追：爰居是一种善于飞翔、形似凤鸟的鸟，生活在海上，能够预知大风、及时避险，所以这种鸟的花纹有避灾驱邪的吉祥寓意。

主持人：哇，乘云绣的色彩真是绚丽夺目，有朱红色、深绿色、金黄色，而且特别有韵律感。比起小巧精致的信期绣，显得更加大气。

辛追：其实，最大气的要数长寿绣。它是由一组组穗状的云纹组成的纹样，乍一看像是卷曲的云纹和枝叶结合在一起，仔细看还能发现有凤鸟、龙在云中若隐若现，还有茱萸枝叶交织其中，代表消灾辟邪。

主持人：哇，长寿绣确实有一种大气磅礴的感觉，每一个纹样几乎是信期绣纹样的三倍那么大。我们看到的几种纹样都和云有关，最后娭毑能给我们讲一下为什么西汉时期的人这么喜欢云纹吗？

辛追：因为天上的云霞瞬息万变，升腾缭绕，我们认为天界神仙、龙凤都是乘祥云在天上自由来去，所以云就被看作联系人间和天界的物体，化用在服饰上就变

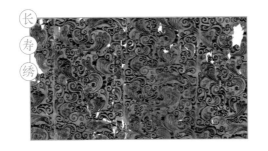

长寿绣

· · ·

成了云纹，体现出大家成仙不老的渴望。

除了衣服，我们的日用品上也常常使用云纹，比如用来盥洗的云龙纹大漆盘，用来盛酒的云鸟纹漆钫（fāng）。风起云涌中龙的须角和麟爪、鸟的双翼和尾部与云纹相连相生，也符合"天地之合和，阴阳之陶化万物，皆乘人气者也[1]"的道家思想。

主持人：感谢辛追娭毑的讲解！下次我们有机会再聊！

云龙纹大漆盘

云鸟纹漆钫

[1]出于《淮南子·本经训》。

up主

赵飞燕

我一直记得，跳舞时的那种感觉，仿佛自己飞到了天上。

我出生于平民之家，小时候并没有任何特殊的地方。后来进宫当了宫女，我的人生就停留在了一首首乐曲里。我跟着阳阿公主学舞，又因为舞艺精湛，被皇上看上，为他跳了一次又一次。

有一天，我穿了一件云英紫裙来到太液池边，想再跳一曲舞。丝竹鼓乐响起，我正跟着乐曲翩翩起舞，突然间狂风大作，我本来就生得娇小玲珑，差一点儿被这狂风吹倒。这时候宫女赶紧过来抓住我的裙子，甚至将裙子抓出了褶皱。

没想到的是，有褶皱的裙子穿起来更好看了，从此这种带有褶皱的裙子风靡一时，被称为"留仙裙"。

这事当然只是笔记小说里的杜撰，在我生活的时代，最流行的裙子是交
裔（yú）裙，这是一种由直角梯形拼接而成的裙子，显瘦显腰，广受大家的欢迎。

我经常穿着它翩翩起舞，每次跳舞的时候，都感觉自己要飞到天上。

如果你穿越来到西汉，不妨也穿上这款裙子，跟着我一起跳舞吧。

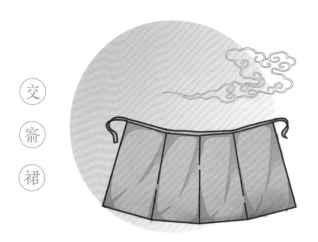

交
裔
裙

敲黑板 *QIAO HEI BAN* 谨记这个考点

这一时期的裙子采用"交裔（yú）"的制作手法，推测是将方布裁剪为直角
梯形，再重新拼接为一条上窄下宽的裙子，上身后如 A 型裙。比较有代表性裙子
是马王堆辛追夫人衣柜里的绢裙。

东汉—魏晋篇

穿衣层次

1
方衣 / 裲裆
（裲裆本为内衣，后流行夕

2 衫

3 襦

4 半袖

5 裈

6 袴

7 裙

8 蔽膝

下半身

方 衣 ✕ 裲 裆

东汉到魏晋时期，女子的衣物形制一脉相承，也有一些发展创新。

"方衣"一词目前只在衣物疏里面看到过，根据层次推测是女子内衣，具体长什么样不清楚。裲裆则有花海毕家滩的出土文物证实，因为其一当胸、其一当背，所以称为裲裆，男女都可以穿。本为内衣，后流行外穿。

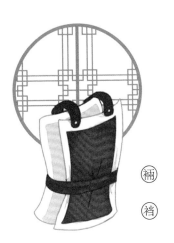

裲裆

衫

THE GUIDE TO TRAVEL

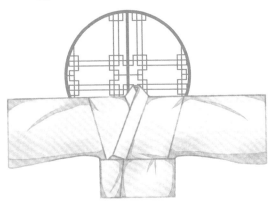

百搭，是无装饰、无花纹、无袖口缘边的"三无"衣服。值得注意的是，这时期的很多衫是有"腰襕"的。

敲黑板

不同时代的衫，所指称的衣物样貌可能都相去甚远，在用这个词的时候，需要明确到具体时代，才不会混淆。

衫，大多指的是穿在第一层的贴身衣服。东汉到魏晋时期的衫多半是白色的，领型可以是曲领，也可以是直领大襟或对襟。简单来说，这时候的衫就是最普通的"打底衫"，作为内搭实用又

间色裙

『襦』襦有腰襕，不开衩，可以直接外穿。有装饰的腰襕可以异色。

『间色裙』裙子为直角梯形裁片拼接而成。

　　襦是短衣的泛称，套在"衫"外。如果我们穿越回魏晋时代，会发现这时的襦和衫一样，很多也是有腰襕的。

　　襦可厚可薄，是一年四季的必备单品。冬天时穿上带夹絮的襦，保暖程度不亚于我们今天的小棉袄。夏天天气太热，穿上单层的"禅襦"就可以。还有一种双层没有纳絮的襦，叫做"袷襦"，适合春秋时节穿。

　　看到这里你可能会有些疑惑，那些带腰襕的衣服到底该怎么穿？

　　答案是——随便你。

　　腰襕既可以放出来也可以塞到裙子里面去，前者流行于东吴孙休时期，后者流行于晋武帝司马炎泰始初年，掌握好腰襕的穿搭方法，你就能成为当时的时尚女孩。

晋襦考古频道

修复后的紫缬襦

甘肃花海毕家滩墓出土

　　2006年，考古人员在玉门镇附近的沙漠戈壁滩中发现了一座古墓群——花海毕家滩墓。这些古墓共有55座，都是小型的竖穴单人土坑墓，墓中出土了一些木器、陶器、铜器以及丝织品，和那些没有文字记载的墓不同，花海毕家滩墓中还附有"衣物疏"，再加上戈壁滩上得天独厚的干燥环境，让这些衣物疏简牍跟着墓中织物一起保留了下来，于是这份千年前的古人随葬清单就来到了我们面前。

　　从衣物疏记载的年份中我们发现，墓主人们最早入土于公元358年，最晚入土于公元430年，墓主人们生活的时代大致在魏晋十六国时期的前凉。

　　西晋的永嘉之乱爆发之后，中原战乱不休，形成了五胡十六国的混乱局面。而前凉便是盘踞在西北地区的一股势力。

　　前凉的势力范围虽然在偏远的西北，但是统治者都是汉人，深受汉文化的影响，花海毕家滩墓的木棺内侧，甚至还有伏羲、女娲的图画。

　　那么，这群住在毕家滩附近的前凉人，到底是什么身份呢？

　　遗憾的是，现在我们还不知道。不过从墓葬的规模以及较少的出土物来看，墓主人的生活似乎并不富裕。其中最为重要的26号墓，从衣物疏中我们得知墓主人是"大女孙狗女"，死于公元377年，墓中出土了9件服饰，紫缬（xié）襦及绯碧裙就是出土于此。

　　紫缬襦在修复前残存两片，就残存迹象看，此襦应为右衽、大襟腰襦，袖口较宽。

比较特别的是，紫缬襦衣物两肩有上有异色的嵌条，是装饰用的。

另一件绯碧裙在修复前残片由三个裁片拼成，含有腰部及其他部分裙身。从尺寸推测来看，它可能是绯碧双色的四片或六片式裙子。用现代的仪器检测后发现，裙子的红色部分是由茜草染成的，蓝色部分则是靛青染料。

这可能是墓主人生前非常喜爱的一套衣服，最终跟随着主人一起长眠千年，成为我们了解魏晋服饰的一面镜子。

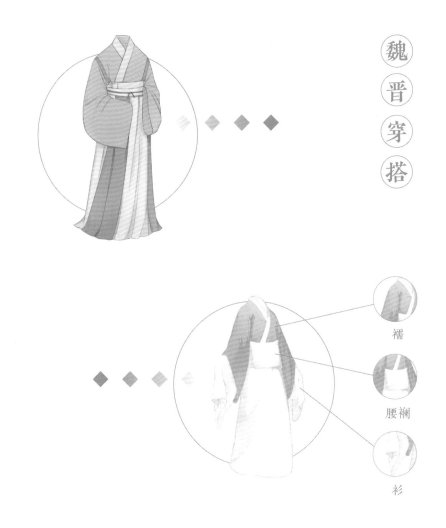

魏晋穿搭

襦

腰襕

衫

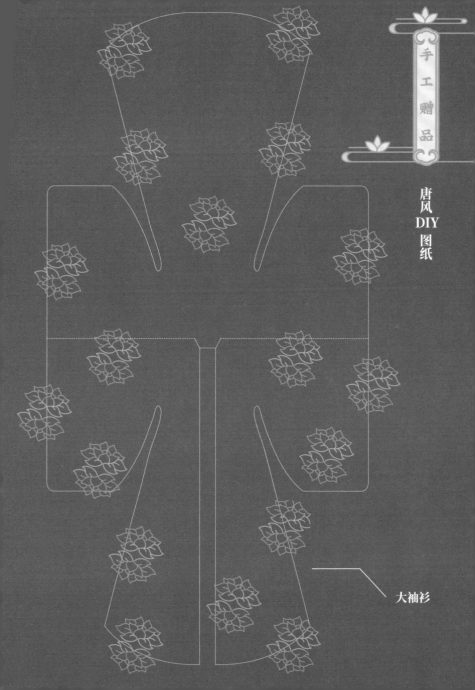

手工赠品

唐风
DIY
图纸

大袖衫

DIY 步骤：

1. 将下裙剪下对折，粘贴处涂上胶水，对折粘好。

2. 将大袖衫剪下对折，将下裙插入大袖衫中间，粘上固定好。

3. 粘上大袖衫的袖子，固定好，唐风小书签就完成啦！

手工赠品

唐风DIY图纸

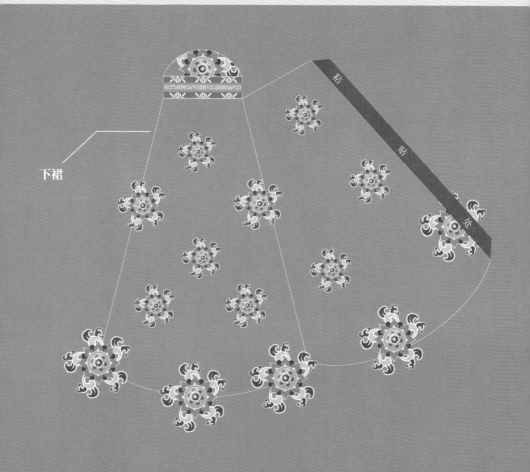

下裙

粘贴

粘贴

缘裙

半袖

半袖

甜系女孩穿搭

甜系女孩，选它！

半袖是上身从里往外数第三层的衣物，形制和襦差不多，但是袖子只有襦袖的一半长短，袖口还施加了缘饰。可盐可甜的穿搭单品，就是它了！

半袖搭配襦裙演化到唐代，便成了我们熟悉的宫廷时尚常服。

它在汉地目前没有文物出土，但有楼兰 LE 古城出土的东汉时期半袖衣物辅证，从壁画中我们推测，半袖通常被穿在长袖衣物之外。

无劫缘考据小 tips

《释名·释衣服》中记载："半袖，其袂半，襦而施袖也。"在衣物疏中也有"故紫绫半袖一领"的记载，这个半袖可能就是半袖。

收腰显瘦，我跳起舞来比谁都好看

文 / 清月夜

　　把时针拨回 2003 年，在楼兰古城遗址的东北部，考古研究所的人员发现了一座壁画墓。

　　这座壁画墓现在被称为 LE 壁画墓，墓葬被盗掘严重，但仍有许多有价值的文物留存，除了那些记录了墓主人生活的壁画外，还出土了一件形制奇特的半袖。

　　通常来说在形制上，半袖一般袖长及肘，身长及腰，它的作用就相当于咱们现在的小马甲，套在中衣外面，大方保暖，可盐可甜。对汉服形制来说，半袖是一个相当重要的族群。

　　那这座 LE 壁画墓中出土的半袖到底有什么特别的呢？到目前为止，除了在成都出土的半袖陶俑之外，尚未见到与此形制相似的实物，专家们根据发掘地的历史文化及墓葬中的壁画推测，这件半袖的的形制应该是楼兰的民族特色衣饰，大

楼兰 LE 西北壁画墓出土半袖衫 魏晋南北朝

家甚至给它起了个好听的名字，叫"半袖绮衣"。

半袖绮衣是一件交领右衽的半袖衫，蓝绮为身，红绢为袖，袖型呈喇叭状，带有大量细密精美的褶裥。

而它最具特色也是最心机的地方，在于腰间和下裳门襟处的带状装饰。

这件半袖绮衣，在腰侧左右各缝有一条带子，左侧白缘嵌棕，右侧白缘嵌红，你看那时候的楼兰美女还懂撞色与明暗，做足了视觉效果。

而下裳处的四条带子颜色上则朴实一些，全部为白缘嵌红，但是这四条带子在出土时，打成了精致优美的花结，这两对花结带和腰间的系带一起凸显出完美的腰腹曲线，再加上明丽大胆的色彩，穿在少女身上，怎么可能不让人眼前一亮？

所以说美人之所以是美人，容貌基因很重要，着装也很重要。

那么拥有这件半袖绮衣的美人究竟是谁呢？根据专家推测，LE 壁画墓是魏晋南北朝时期的墓葬，但关于墓主人的说法学术界各执一词，有人说这是鄯善王国的贵族合葬墓，也有人说这是丝绸商道上的粟特人墓葬。

无论哪种说法，墓主人下葬时，楼兰仍然存在，还未成为人们心目中神秘而绮丽的传说。丝绸之路上商贾往来，热闹喧纷。而到了夜里，大漠月圆，英俊的小伙与美丽的姑娘在篝火前喝酒吃肉，载歌载舞，也许其中最美丽的那位美人就穿着一件这样的半袖。她长发飞扬，眼眸明亮，银色的月色下映着的蓝与红，是大漠中最明丽的色彩。

半袖绮衣，楼兰绮梦。

而楼兰古国消亡的原因，我们至今未曾知晓。有人说是因为瘟疫，有人说是因为水源，有人说是因为兵祸，有人说是因为虫灾……总之在几百年后，有个叫法显的和尚西行取经，途径张掖、敦煌，西出渡沙河，来到了楼兰。

那时候的楼兰是什么样子的呢?

法显在他的《佛国记》里说："上无飞鸟，下无走兽。遍望极目，欲求度处，则莫知所拟，唯以死人枯骨为标帜耳。"

楼兰古国就这样悄无声息地消失了，渐渐地变成诗歌中一个用于指代的符号，他们说着"黄沙百战穿金甲，不破楼兰终不还"，说着"楼兰勋业竟悠悠，聊作人间汗漫游"。那些过往的黄金美酒、丽人异香淹没在罗布泊的枯骨与塔克拉玛干的黄沙里，时至今日我们只能从壁画中、从文书里推测揣想那个奇异的古国最繁盛时的样子。

也许曾经有个夏天，日光明朗炽烈。

高鼻深目的小姑娘穿了新制的衣衫，在忙碌的心上人身旁绕来绕去，她倒了一杯酒递到他唇边说："你解解渴吧。"

酒色如宝石，人声如莺歌。

她等着心上人多看她一眼，然后说："你的新衣服真好看。"

交窬裙

　　从先秦至唐代，裙子的主流剪裁方式都是交窬（古籍也称交输）裁剪。

　　下裙的颜色可以是纯色或间色，裙子可以打死褶、活褶或不打褶，多种组合，任君挑选。喜欢甜美荷叶边的小仙女，可以在裙子边缘加上荷叶边，称之为缘裙，新疆就曾出土过带荷叶边的汉代毛纱裙。

蔽膝

蔽膝

半袖裙襦蔽膝

你是否想穿越回魏晋，当一次仙气飘飘的《洛神赋》女主角？蔽膝将满足你的幻想。

蔽膝是穿在裙子外的装饰衣物。在壁画上会出现一种中间如舌形、两边有三个尖角的服饰，据推测它就是"蔽膝"。穿上半袖裙襦，再搭配蔽膝，就能呈现出壁画中仙气飘飘的效果。

蔽膝在东汉时本为梯形，后来演化出各种形状，除了常见的舌形，还有半尖角围成的花形等。

《洛神赋图》中隐约可见的蔽膝

蔽膝考据小 tips：

1. 在服饰史中介绍魏晋服饰的时候，我们经常提到杂裾，然而衣物疏中并没有关于杂裾的记载。

2. 全国可移动文物登录网收录有一件丝织品，共约六个尖角，疑似是两晋时代蔽膝的文物。除此之外，现代也曾挖掘出元代和明代类似围裙的蔽膝文物。

下半身

5 裈
6 袴
7 裙

上半身

1 褌裆
2 衫
3 襦
4 禅衣

汉晋男子穿衣层次

人气 UP 主卓文君

裤是合裆裤,贴身穿着,和现代一样,有长裤也有短裤。短的如犊鼻裤,和现代的内裤相似,天气炎热时,有些奔放的劳动人民,可能会直接穿着犊鼻裤上街劳动。

当初我和司马相如刚私奔的时候,穷困潦倒,不得不拿自己身上穿的鹔(sù)鹴(shuāng)裘衣去换钱。

我从出生就过惯富足生活,都是要什么有什么,哪里过得惯这样穷苦的日子?这时候,司马相如提议:"不如我们去卖酒吧。"

于是司马相如穿着犊鼻裤,跟那些做苦力的小厮一起干活,我就在旁边帮忙打杂。

没过多久,我父亲就怒气冲冲地找上门来——原来,他听说了我们俩在这卖酒的事,对于卓家这样的名门望族而言,穿着短裤跟下人们厮混在一起,实在是太不像话了。

纵然有一千个不愿意,他还是接济了我们,从此我又过上了富裕的生活。

在我们这个时代,单穿犊鼻裤是底层劳动人民为了方便干活的穿法,有身份的贵族才不屑于这样穿呢。

不管你穿越到哪个朝代,投胎系统选的是男是女,你一定会穿着裤和袴,没有单穿裙子"裸奔"的穿法。

@《世说新语》八周刊小记者

我要向全世界安利，我的偶像阮咸真是一个放荡不羁的男子！

大家都知道阮籍是超级名士，其实他的侄子阮咸也是一个酷酷的男孩。不仅精通音律，还不拘礼节，丝毫不 care 那些凡夫俗子的看法。

阮咸和阮籍住在城中南面，其他阮姓亲戚住在北面。南阮穷，北阮富，所以双方也不太有交集。

七月七日这天，我正巧经过阮咸家附近，看到北边的人纷纷将自己的绫罗绸缎晒在外面"炫富"，我内心冷哼一声"有钱有什么了不起"，正准备离开的时候，突然撞上我的偶像阮咸！

咦，阮咸此时的行为怎么有点奇怪？

在我的注视下，阮咸举止洒脱地拿出粗布制成的犊鼻裈，晒在了庭院里。

等等，大大，你知不知道你的行为，一点儿也不像个名士？！你这样会掉粉的！

面对我疑惑的小眼睛，阮咸不以为意地解释道："我也不能免俗，不过是学大家这样做罢了。"

原来大大是在讥讽那些炫富的邻居！大大实在是太特立独行了！

我心领神会，立刻在我的小本本上记录下了这一幕。

梅雪无名考据小tips

前面我们介绍过的花海毕家滩，也出土过一件碧裈，根据文物推测，这件女墓出土的碧裈，穿起来的效果应该与现代日本的相扑选手类似。

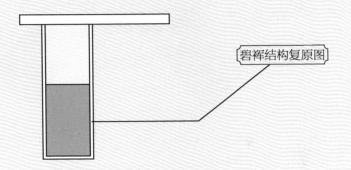

碧裈结构复原图

花海毕家滩墓葬出土的绣袴残片，从推测后的复原图中可以看出左右有三角嵌片，是其特色。

古代没有毛裤和打底裤，冬天太冷怎么办？这时候你需要一条御寒保暖的袴，也就是开裆裤。它可以套在裈的外面，通常有夹层、用毛皮制作，保暖效果奇好，而开裆是为了方便活动。不要以为古代人如此奔放，只穿开裆裤，其实人家开裆裤里面是有穿裈的。

袴分为有裤腰的与无裤腰的。无裤腰的袴类似现在的套裤，而有裤腰的袴通常腰身宽大，重叠之后，外观是看不出有开裆的。

南 北 朝 篇

裙襦大袖

刀状的大袖

自晋末至南北朝，大袖开始逐渐流行起来。袖子根处窄紧，自肘部以下形成刀状的大袖，走起路来仙气飘飘。

可惜的是这一时期文物缺失，仅有残片留存，所以我们只能从石雕陶俑与文献中推测大袖的存在。《晋书·五行志》中记载："晋末皆冠小而衣裳博大，风流相仿，舆台成俗。"大袖衣物不仅女子喜欢穿，在南朝的砖画《竹林七贤与荣启期》中，竹林七贤也都穿着轻薄飘逸的大袖。

这种大袖在唐朝还演变出了舞乐服饰，《通典·乐志》有"舞四人，碧轻纱衣，裙襦大袖"的记载。

某匿名魏晋南北朝时期名士

匿名来回答几个大家关心的问题。不用猜测我是谁，我只是一个过客。

Q1：如果我穿越回南北朝或唐朝，穿着刚买的大袖衫会被认为是奇装异服吗？

会的。因为现代商家做的大袖衫跟古代的大袖衫并不是一个东西，你看到的不一定是你看到的那样，你以为的也不是你以为的。

当然，如果你有才气，穿什么都不是问题。

Q2：大袖是男女都可以穿的吗？

理论上是这样。实际上……反正这一时期并没有完整文物出土。

Q3：你跟竹林七贤的关系好吗？可以要到签名吗？

保密。不过实话告诉你不太可能，钟会上门都吃了嵇康的闭门羹，还是建议理性追星。

 耿直的唐朝大臣归崇敬

说真的，我早就看袴褶服不顺眼了。

褶（xí），是指通裁不开衩的上衣，搭配下裤的"袴"穿着，故而合称为"袴褶服"，袴褶也常常与裲裆（一种盛行于两晋南北朝的背心式服装）一起搭配。

褶衣自古就有，只是在经过南北朝时期的胡汉交融后，才跟袴一起，组成了固定的潮流搭配。由于穿起来太方便了，所以迅速成为男女都爱的流行款。

首先，这衣服的血统就不是很纯正。有人认为袴褶服本来是胡服，也有人认为它是受到胡服影响的汉族服饰。

随着时代的发展，它在隋唐时期更加流行了，最后居然把它当成了朝服，还规定"皇帝、皇太子、三品以上官员穿紫色袴褶。五品以上穿绯色，七品以上穿绿色，九品以上穿碧色"。荒唐，真是太荒唐了！

你说从汉代起就有人穿这种衣服了？

这点我承认，但是汉代的史书上并没有记载呀！于是我给我的老板李豫打了一份报告，强烈反对把它当作唐朝官员的朝服，后来我老板批准了，嘿嘿。

文/清嘉

汉晋时尚风靡选

HAN JIN SHI SHANG

FENG MI XUAN

　　和后世华丽璀璨的服饰相比，汉晋时期的服饰妆容似乎朴素许多。但是，追求"美"这件事情，绝对是深深刻在人类灵魂中的。哪怕是物藏发掘并不丰富的两汉魏晋时期，时尚的单品也是不少！今天，让我们穿越回两千年前，共赏当年的流行之物吧！

　　汉晋时期金银较稀少，更多的是骨类、玉类的首饰，但是这类材质能完整保存到现代的很少。在现有的出土首饰中，最让人惊艳的当数西汉的这朵步摇花啦！

No.1
金步摇

甘肃凉州红花村出土金步摇

甘肃凉州红花村出土。花枝底部有四片肥硕叶子，叶尖有小圆环，原有垂缀物。八条细茎上有三个花蕾，四个花朵，中心支柱叶有口衔树叶的小鸟，小鸟口衔圆形摇叶。

步摇，是用来装饰发髻的首饰。《西京杂记·卷二》有记载，赵飞燕为皇后时，她的妹妹赵昭仪所上的贺礼就有"同心七宝钗、黄金步摇"。可见步摇的确是汉代当之无愧的时尚 TOP1！

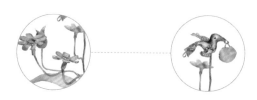

No.2

金花钿

南京博物院藏

东晋金花钿（一组九件），直径 1.4 厘米。1955 年江苏南京光华门外赵士岗 M10 出土。

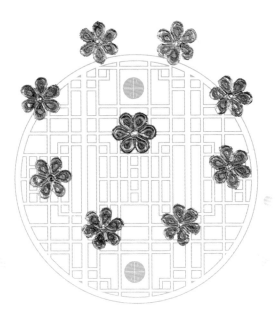

汉晋时尚达人，不能错过的百搭单品便是金花钿了。

最初金花钿是步摇上的附属装饰物，后来逐渐形成了完整的六瓣花型，和金叶组合成为步摇的主体，在此后的发展中又与其他首饰组合，形成了各式各样的女性头冠。

No.3

金
铛

南京仙鹤观六号墓出土

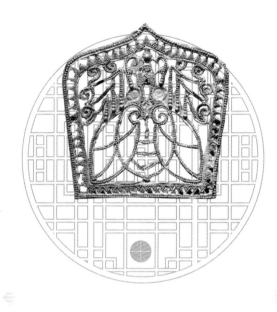

看到这里，一些汉代白富美可能觉得太没新意了：就不能介绍一些风格小众，但又能彰显地位的首饰吗！别着急，接着就是象征着身份与地位的时尚单品：金铛！

这金铛呀，一般人是见不着的，只有皇帝的亲信大臣或者皇亲国戚才有资格佩戴。

No.4

玉饰

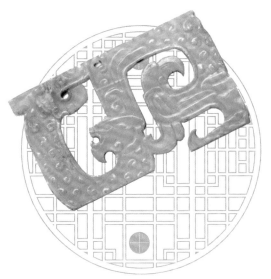

河北满城中山靖王墓出土
透雕龙凤形玉饰 西汉

不得不说，玉这种东西，集天地之精华，做出来的首饰自带贵气！汉晋时期的时尚弄潮儿必须要拥有！

玉器从古代开始就有很高的地位，想想过去形容美男子都是什么词？"温润如玉""陌上人如玉，公子世无双"……对玉器的追捧在汉代发展到顶峰，汉代王侯对玉可谓是追捧至极。

美男配美玉，来看看美玉吧！

No.5
锦袋

新疆博物馆藏

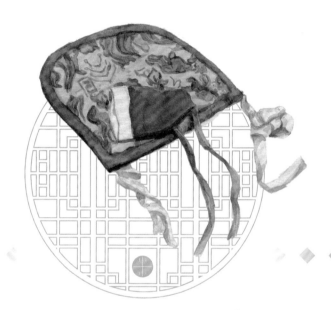

　　金银玉饰放在哪个朝代都不便宜，但本次最受瞩目的单品大家可能都猜不到，就是今天的时尚特别奖得主——"金池凤"锦袋。

　　这个锦袋，由汉晋时期传说中的"五色织锦"工艺绣底，上有"金""池""凤"三字，专家猜测红色小口袋是用来放香料的——没错，古人自始至终都很爱香囊啊！这个香囊真的太可爱了，可不就是汉晋版的网红"鸡蛋兜"吗？如果可以拥有它，前面的金银玉饰我都可以不要！

　　今天的汉晋时尚单品介绍到此结束啦，你最想拥有哪款呢？同款火速 get 起来吧！

大家好，这里是《名士GQ》，今天我们请到了七位年轻偶像——他们就是魏晋名士榜第一的"竹林七贤"男团。

接下来，这几位新秀将从不同的角度诠释魏晋新风尚。他们又会引起怎样的潮流呢？让我们拭目以待吧。

文\古人很潮

名士 GQ 采访录

Interviews with celebrities

嵇康 团内Leader

弹琴，我是专业的

嵇康自小就聪颖出众，博学多才，而且喜爱老庄学说。这听起来不太妙，在大家的印象里，大部分学霸都是长相欠佳的。可当粉丝见到真人的时候发现，嵇康不止身高七尺八寸，容貌举止在一众年轻学子中都是拔尖儿的。

根据南北朝的小记者爆料，"竹林七贤"都爱宽衣大袖、袒胸露乳。但由于时间已过得太久，其真实性还有待考据。

不管怎么说，长得好看的人穿什么都好看。知名美男嵇康的服饰，向来都是当时时尚圈的流行风向。不过嵇康本人对这些外界的议论并不在意，他正忙着在自家院中和好友向秀一起鼓风打铁。

虽然这次没有成功采访到嵇康，不过下次我们会继续努力的！

阮咸 声乐Vocal

我有我的时尚

"竹林七贤"还未出道，名声早就在江湖上打响，道上都尊一声"传统礼教狙击手"。队员中曾有人大胆发言："礼教难道是为我们这些人设置的吗？"（引自《世说新语·阮籍送嫂》）荣获粉丝被狙语录第一。

除了衣物外，这些时尚大咖们在裤子上也有自己别具一格的想法。

大众的就不是时尚的了吗？不！潇洒脱俗的阮咸就曾现身说法，他毫不忌讳地将自己的犊鼻裈挂在门口晾晒，讽刺那些挂锦绣衣裳的达官贵人。

如果说前面这两位引领了服装界的时尚潮流，那么接下来的这位就是行为艺术界的大拿。

刘伶是团内社会地位最低的人，也并不符合大众心中对偶像的定义，单是前两项长相和身高，就已经堵死了他的星途。

刘伶身高不足一米五[1]，容貌丑陋，还不爱与人交际，秉持着朋友在精不在多的理念，寻常场合他总是沉默寡言，对人情世故也是漠不关心。

面对不走寻常路的刘伶，小记者好奇地问："难道您没有因为朋友少感到焦虑和自卑吗？"

刘伶难得没有喝酒，清醒地回答我们："朋友少不必自卑，不爱社交也不必自卑，若是我事事都要自卑，那刚生下来的时候照照镜子就投河了。人活一世，最重要的是开心。"

他的粉丝为偶像的回答疯狂打call："老庄学说救我狗命！"

不过喝酒确实是刘伶的爱好，普通人是由72%的水组成的，他刘伶是用72%的酒组成的。

刘伶大大的著名金句："如果我在这里喝死了，那就就地埋了吧。"在他那里，喝酒和穿衣的因果关系是这样的：因为喝酒，所以不爱穿衣。或许这样更利于散

①丘光明，《中国古代计量史》，安徽科学技术出版社，2012年2月

酒气，随行的侍从却十分苦恼："下次到底要不要带上铁锹呢？"

访谈结束之后，刘伶听说粉丝来应援，提了好多好酒，兴高采烈地去喝酒了。

对此，时尚界某设计师表示，感谢刘伶放过时尚圈转战艺术界。

王戎从晋武帝时开始，就一路从吏部黄门郎升迁，最后到惠帝上位之后，坐到了司徒的位置。而山涛虽然与嵇康、阮籍情意甚笃，但是各自的志趣其实并不相同。山涛的志向就在于为民当官，甚至成为了一位记载在册的好官。

魏晋时期的官服分官员朝服和便服，除此之外，不同职务、官级也对应着不同的官服。

在当时，一种叫"笼冠"的冠饰，成为魏晋官员的标配。笼冠前高后锐，以细纱制作，内衬赤帻（zé），男女通用。因为涂上了黑漆，又被称为"漆纱笼冠"，也是山涛和王戎常戴的单品。

看到这里你也许会疑惑，为什么志趣如此两极分化的一群人会变成一个组合呢？

大概是因为有这样一个"中和剂"——向秀。

向秀 打破老庄学说固定印象第一人

潇洒人间客

如果说嵇康是阮籍的忘年交，那么向秀就是山涛的忘年交。

向秀少时颖慧，简直就是平行时空里的另一个嵇康。少年时就以文章俊秀闻名乡里的他，后来研读《庄子》颇有心得。

有一次在乡里讲学时，遇到了慕名前来的山涛。山涛听向秀所讲高妙玄远，见解超凡，如同"已出尘埃而窥绝冥"，二人遂成忘年之交①。后来山涛又把他引荐给了嵇康。因为对老庄之学共同的喜爱，向秀和嵇康相处得十分融洽。

嵇康喜欢打铁，于是嵇康掌锤，向秀鼓风，三人配合默契，旁若无人，自得其乐。除此之外，在朋友的引荐下，他们又有了共同的好友——吕安。

很多人可能会疑惑，一个人怎么可能既是山涛的朋友，又是嵇康的朋友呢？原因在于向秀的性格。

向秀既追求个性自由，同时又能遵守礼教规则。许多魏晋名士都在"入世"还是"出世"中反复纠结，但向秀巧妙地找到了二者的平衡点。正因如此，嚷嚷着要与山涛绝交的嵇康才会觉得山涛的挚友向秀是可交之人。

正如粉丝所说，他们几人就像当今的时尚界一样，有大众欣赏得来的主流艺术，也有特立独行的小众潮流。

本次采访到此就结束了，请各位粉丝朋友多多关注《名士GQ》，更多花絮会在公众号 gurenhenchao 放出。在公众号回复"竹林七贤"并写出感想的朋友，前5名将会获得随机"竹林七贤"签名照一张。

①房玄龄《晋书·向秀传》。

华冠丽服

Hua Guan Li Fu

第二章

这是歌舞升平的大唐盛世，也是令人神往的华服时代。

杨贵妃穿的石榴裙究竟是什么样子？

白居易上朝穿的是什么样的官服？

如何成为一名合格的大唐仕女？

欢迎进入大唐女孩的衣帽间，这里都是值得收藏的时尚单品。

DRESS
ORDER

初唐鸡心领帷帽仕女

唐

唐朝女子穿衣层次

—— 帏帽

—— 窄袖上衣

—— 袒领背子

间色裙 ——

上半身

衫／袄——背子——帔子

下半身

裈——袴——裙

衫 / 袄

今天休假，我偷偷地跟小姐妹一起溜出来玩耍。

《唐传奇》中说我们这些小侍女经常穿"青衣"，就是青色或者黑色的衣服，其实我们穿的衣服才没有这么单调呢！

首先，不论富贵贫贱，你一定会穿上"衫"。但千万不要被相同的字眼迷惑了，不同朝代的衣服，哪怕叫的名字一样，其实差异也是很大的。甚至几十年过去，时尚潮流就会换一个来回。

本来衫是内搭的第一层衣物，襦为御寒外穿的冬衣。但随着袄的传入，穿襦的人逐渐减少，最后被更加简单实用的衫袄取代。这时候的衫不再是分裁制[①]的衣物，和袄一样都是通裁[②]开衩的，也会在衫袄上使用色彩纹样，这时的衫袄都会加上色彩与纹样，单层为衫，双层为袄。

你可能觉得我们唐朝女孩的衣柜看起来有些单调，其实不会啦。衫袄有直领、圆领等多种款式，还有很多不同的穿法。

哎呀，我的小姐妹喊我去买胭脂了，我先走了，拜拜！

①分裁制：就是分别裁好上衣和下裙，然后再缝缀在一起，最后衣服还是一体的样式。
②通裁制：随着时代的发展，分开剪裁再拼接的制衣方式过于麻烦，于是又发展出了上下通裁的长衫，也就是上下一体的衣服。根据形制的不同，可分为圆领袍、直裰、直身、道袍。

背子

推 荐 人

居住在西域
的麴氏

参考阿斯塔纳206号墓（张雄与麴氏之墓）女俑绘制

我是高昌的王室麴（qú）氏，历史上不曾记载我的名字，不过我的丈夫你们可能听说过，他就是高昌国的大将军张雄。

张氏本来不是高昌当地家族，是从内陆一路迁徙过去的，后来张氏家族变成了高昌国中最显赫的汉人家族。

我们俩的婚姻，在当时属于老夫少妻，但到底也称得上是门当户对。

高昌国只是西域的一个小国，免不了要在各国的夹缝中委曲求存，特别是东边还有强大的唐王朝。可惜当时的高昌王不懂得这个道理，屡次扣留西域各国到长安的使者，得罪唐王朝。

我丈夫经常对我叹气："这样下去，高昌迟早会惹上祸事啊！"

每次向高昌王劝谏，都无疾而终，终于他郁郁而终。几年后，高昌被唐朝的皇帝李世民所灭。

归顺唐朝以后，我们这些高昌贵族过得还不错，我的次子张怀寂更是凭借军功，得到了唐王朝的重用。

背子

裙子

帔子

抱歉，不知不觉间说了这么多。老实说，这些当时西域的风云人物，后世人可能并不认得，便多啰唆了几句。

在我生活的时期，流行一种穿在女装衫袄外面、通裁不开衩短袖或无袖夹层短衣，后世称它为"背子"。它的模样和男子的半臂类似，但是从学术层面来说，在唐代"半臂"这个词汇只有男性使用，元代以后，才变成男女通用的词。

从墓中出土的女舞俑，个个面庞饱满，点着当时流行的面靥，穿着彩色间裙，千年不朽，直到今天，你们还能从她们身上看到初唐时的流行风尚。

梅雪考据小tips ◆ ◆ ◆ ◆

日本学者源顺所编纂的《倭名类聚抄》有『背子』条，其引汉语辞书《辨色立成》云："『背子，形如半臂，无腰襕之袷（夹）衣也。』又《杨氏汉语抄》云："『背子，妇人表衣，以锦为之。』"由此推测这种服饰叫『背子』。到了宋代，背子演变为通裁开衩的长袖第三层衣物。

帔 子

衫、裙、帔可以说是唐代女子衣柜必备三件套。"帔"又称"帔子",我们现在叫作"披帛"。帔子的面料通常是轻透的纱、罗,它类似现代女孩子的丝巾,可以随意穿搭。而冬天御寒时则可用双层的夹帔子,更加保暖。

值得注意的是,帔子的两角并非是直角,它有一定的弧度,平铺时整体看上去为船型。

帔 子 的 不 同 披 法

披衫 / 披袄

披衫俗称唐制大袖衫

推 荐 人

某匿名
唐朝贵妇

听说不少后世人喜欢穿越来唐朝旅游，不巧我那天上街，正好看到一名穿着宽衣大袖的女孩在街上游荡。根据我的经验，她肯定不是正宗的唐朝人。

别的不说，她穿的那件大袖衫，就百分百地露馅了呀！

后世的商家都很喜欢制作这种大袖衫，也深受各种小仙女小仙男的欢迎，不过大袖衫目前并没有唐代的出土文物证实，结构不明，只能从文献记载中推测出这种衣服存在，在当时可能被称为"披衫"或"衫袄"。

换句话说，就算我们当时也穿这种大袖衫，它跟现代的结构可能完全不一样，此披衫非彼大袖衫了。

别灰心，老实说，我觉得你们穿的大袖衫也挺好看的！

和汉代的时尚小姐姐们一样，唐代女子的裙装也大多使用交窬方式裁剪。

据报告记载，现代已出土的八件唐代裙子，都是由上窄下宽的梯形裁片拼接而成，这种裙子的裁片数从 6 到 22 片不等，长度不一。由现存文物的裙长推测，交窬裁剪在齐胸裙或齐腰裙中都有运用。

想穿越到唐初的小姐姐们注意了，当时有"叠穿"的风尚，还流行在长裙外叠加一条短裙，这种穿衣潮流直至开元以后才慢慢过气。

下面有请大唐的时尚美人们，为大家介绍她们衣柜里最出名的裙子。

唐代的刘存在《事始》中记载："裙，古人已有裙八幅，直缝乘骑，至唐初马周，以五幅为之，交解裁之，宽于八幅也。"也就是说，唐代的裙子是"交解裁之"，交解就是交输、交窬，也就是全幅布对角斜裁，裙片使用直角梯形拼接的意思。

梅雪无名考据小 tips

石 榴 裙

说到石榴裙，人们就会想起我。没办法，谁让我人红是非多呢。

在我生活的时代，流行纯色裙，特别是红裙。因为红色和石榴的颜色相近，又寓意多子多福，所以红裙又被称为"石榴裙"，如果是用茜草染成的裙子，称为"茜裙"；横向晕色的裙子呢，叫做"晕裙"。别误会，这些指的只是裙子流行的色彩，并不是什么特殊的形制。

上至公主，下至民间女子，没人不爱鲜艳的石榴裙。我当然也不例外，衣柜里有不少这样的时髦裙子。

而石榴裙在后世的出名，则是因为一句戏语——拜倒在石榴裙下。

这传说呢，不出意外又跟我相关。据说有一次，唐玄宗李隆基设宴召集群臣共饮，召我前去跳舞助兴。

　　我是什么身份的人，怎么沦落成了舞女？于是我对皇上说："这些臣子瞧我的时候一点都不恭敬，所以我不愿意为他们跳舞。"

　　皇上听了大怒，觉得我被这些大臣们轻慢了。他立刻下令在场的所有人，见了我一律行礼，否则严惩不贷。

　　大臣们听了诚惶诚恐，见我穿着一袭靓丽的石榴裙走来，纷纷跪拜行礼。这就是典故的由来。

　　这件事当然是胡说八道了！我劝这些造谣的人善良。

　　不过，石榴裙确实是我衣柜里出镜率非常高的裙子。爱生活，更爱红裙。

唐代石榴裙壁画

间裙

嗨，说真的，谁能抵挡住红裙的诱惑呢？

当年我被迫在感业寺礼佛的时候，偷偷地给我未来的老公李治写诗："看朱成碧思纷纷，憔悴支离为忆君。不信比来长下泪，开箱验取石榴裙。"

如果你不相信我近来因思念你而伤心欲绝，那就打开衣箱看看我石榴裙上的斑斑泪痕吧。

这可能是我一生中作得最好的一首诗。

我衣柜里的那件绮丽的石榴裙，成功勾起了李治记忆中那段旖旎的时光。

不久以后，我便被召进宫中，重新获得了皇上的宠幸。

如果你来到唐朝，一定会被唐朝女子衣柜里的裙子迷住。唐朝女孩的裙子精致华丽，纯色、间色花样繁多，做起来费工费料，贵妇的裙子上更是会点缀各种装饰。

要知道在唐朝，绢帛是可以当作货币使用的珍贵东西，贵族女子的奢靡让某些唐朝直男看不下去了："你们这些女人，实在是太铺张浪费了！"

我是什么人，这点政治敏感还是有的。当即我便抛弃了心爱的繁复裙子，改穿朴素的七破间裙，打造自己的节俭人设。

李治对我带头响应的举动很满意，下诏时特意拿我当典型模范："天后我之匹敌，常著七破间裙，岂不知更有靡丽服饰，务遵节俭也。"

瞧，我在皇上心目中又多得了一分。

比起纯色裙，间色裙的制作要麻烦许多，但是因为它做工精美，仍然得到了不少唐朝贵族女子的喜爱。

对于大唐女孩来说，美，就是第一生产力！

后来，裙装开始流行用活褶装饰。

比如三裥裙，在唐代壁画中已有呈现，从壁画上看到的"三裥裙"（或四裥裙）的外形是下摆散开、裙子如喇叭状。从有些图画上，可以看到仕女裙背面似乎还有一个褶裥，因此推测也可能有四裥裙的存在。

唐代法门寺地宫出土了两件裙子，其中一件报告附有图片。这件裙子一共使用了六幅布，运用交窬裁剪，裁出多个直角梯形裁片，后人推测这件裙子为十二破或更多破数，裙子图片正面有工字褶，也许是三裥裙的实物。这种款式的裙子，在南宋周氏墓也有出土，应有传承关系。

现代人在壁画中，常看到裙子侧边有开口现象，商家也根据这个开口，提出了两片式裙子的推测。这种现象，从武周时候的壁画就能看到，到了晚唐，裙装的褶裥更多，侧开也更为明显。然而其具体的结构仍未探知，但从纽约大都会博物馆所藏的唐代陶俑来看，裙子的开衩口只有单侧，并非左右对称。

唐朝裥裙虽有文物出土，但留给现代人的线索还是太少。

唐代陶俑

我超喜欢齐胸襦裙，想知道唐朝真的有这种形制吗？

关注问题　　写回答　　邀请回答　　添加评论 分享 举报

查看全部答案

　　齐胸裙其实是穿法，也就是裙子穿在胸上的意思，不是指特定形制。如果是齐胸的交窬裙，阿斯塔那就出土有裙长 130、140 厘米的文物。但若是商家做的方布打满褶子的齐胸裙，文物证据就少了些。

　　法门寺地宫出土过类似的，报告描述其"由六块全幅面料缝制而成，没有任何斜缝"。推测接近商家制作的一片式齐胸褶裙，然而没有图片，只有文字叙述，不知道褶子怎么打的，也不知道是仅合围还是围了一圈半。

　　大唐的方布褶裙虽有文物出土，但留给我们的线索还是太少。如果真的有兴趣穿唐制的汉服，不妨参考有比较多文物支持的交窬裙。

理性讨论，唐朝的裙子可以转圈圈吗？

关注问题　　写回答　　邀请回答　　添加评论　分享　举报

查看全部答案

　　唐朝流行多摆裙，妇女穿的裙子普遍为五幅，也有六幅、八幅甚至十二幅的裙子。

　　那么这个五幅跟十二幅，到底裙摆是多宽呢？

　　目前出土的唐朝裙子里，八彩晕间绫裙复原后裙长90cm，底摆176cm；绛色印花纱裙复原后裙长120cm，底摆174cm；绛色百褶绢长裙复原后裙长130cm，底摆242cm。

　　转圈圈当然也能转，只是比起现在动不动6米摆甚至9米摆的裙子，还是逊色了许多。如果你穿上9米摆的裙子去唐朝旅游，回头率肯定百分之百。

齐胸裙

The Guide To Travel

如果齐胸襦裙形制存疑，那坦领的形制存在吗？

关注问题　写回答　邀请回答　添加评论 分享 举报

查看全部答案

　　从出土陶俑上看，唐朝女孩们的衣柜里的确有一种似圆领低胸，俗称坦领的上衣，有人主张这是圆领对襟的衣物，也有猜测这是从魏晋的上襦发展而来的一种短外衣，也有少部分人主张，那是圆领大襟对穿构成的形象。

　　但目前尚无出土文物支持，所以形制是暂时存疑的。

Tang Dynasty

TANG
DYNASTY

王维

唐朝男子穿衣层次

必备物品

幞头——六合靴

上半身

汗衫——袄子\长袖——

半臂——襕袍\缺胯袍

下半身

裈——袴

袄子 / 长袖

缺胯袄子

推 荐 人

喝酒达人
李白

老杜让我来客串，那我就随便说两句。

说起我们穿的袄子，我看也没什么好说的。平时我们主要穿的就是圆领大襟的衫袄，它是穿在第二层的御寒衣服，也可以单穿或者穿在圆领袍下面。

在北齐时期就已经有了"合胯袄子"的记载。唐代的袄子多半开衩，左右开衩的是"缺胯袄子"，日本正仓院藏的吴女袄就是缺胯袄子；在衣身后开衩的是"后开袄子"，中国丝绸博物馆藏有一件"锦绣花卉纹绫袍"，就是袍服后片中间开衩。

与缺胯袄子同属第二层、穿于汗衫之外的衣物还有"长袖"。这里的"长袖"不单指袖子的长短，而是相对于"半臂"的形制来说，它是长袖版的半臂。和半臂一样，长袖也是分裁接襕的衣物，衬于圆领袍之下，腰襕两侧会打多个褶子，能从袍的两侧露出。

嘿，不过在我看来，这些衣服都没什么稀罕的，不如卖了换酒来。

半 臂

推 荐 人

某唐朝隐士

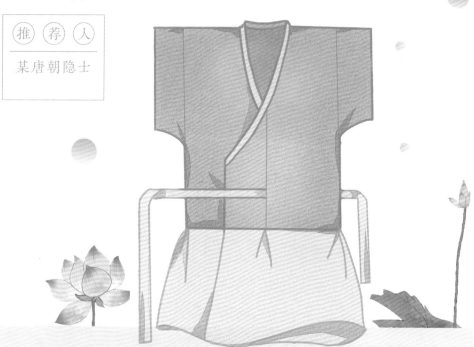

　　半臂是唐代男子穿的短袖分裁接襕衣物，女子穿着的类似衣服可以称作半袖、短袖。半臂主要是穿在汗衫和外衣中间，通常选用较华丽硬挺的面料，如锦半臂，有垫肩的作用，显得人更加高大威猛。

　　当然，有些不走寻常路的时尚唐人也会选择外穿或单穿。陶俑中有很多穿着圆领袍、两肩突起的人物形象，这些人物里面大都内衬了半臂。

圆 领 袍

《新唐书 · 五行志》里记载了一则我的小故事。

有一次我父亲李治举办内宴，我穿着紫衫玉带，随身携带佩刀、砺石等"七事"，一副男子装扮到场，父母看到我都笑了，打趣道："女子不可以当武官，你怎么穿着这个来了？"

这当然是因为，女扮男装是当时的流行时尚啦。

在当时，圆领袍这种衣服，不仅男子爱穿，我们女子也十分中意。

圆领、大襟、窄袖，长度通常在小腿到脚面之间，这些是圆领袍的显著特点。严格来说，圆领袍是一个比较笼统的称呼，它可以细分为缺胯袍与襕袍。

缺胯是左右开衩的意思，缺胯袍一开始是庶人的穿着，后来因为便于活动而广

受欢迎。

唐朝士人穿的是襕袍，袍服左右不开衩，下加横襕，有人以为这是代表深衣衣裳相连的特点。《新唐书·车服志》中记载，唐太宗时期的大臣马周上奏，表示应该规定袍服加"襕、袖、褾"为士人上服，而缺胯衫呢，则是平民百姓穿的衣服。

从此，襕袍进入唐代的官服体系，成为官员的常服，而襕袍也因此有了各种颜色规定。唐太宗时定了下规矩：三品以上着紫色、四品着深绯、五品着浅绯、六品着深绿、七品着浅绿、八品着深青、九品着浅青、庶人着白色。

而我作为公主，穿的当然是最尊贵的紫衫啦。

注意啦！唐代的圆领袍平铺时，胸处和腰处极宽，只有放宽尺寸，才能称得上是袍，不然就只是衫袄。

襕袍

缺胯袍

梅雪无名考据小tips

唐代文献中称圆领袍为缺胯衫，但使用「衫」的称呼容易与第一层汗衫混淆，加上这衣物本身就有袍服的功能，于是到宋代便称它为「褧袍」，而在服饰史上则以「缺胯袍」称之。

◆ ◆ ◆

幞（fú）头与巾子

唐代男子用来裹头的黑色方布，就是我们说的"幞头"。因为直接裹头形状不怎么好看，后来发展出在幞头内衬"巾子"。"巾子"通常是以桐木、竹篾做成，这样可使造型更加美观。

幞头裹发一开始是在前方系结，后来在脑后下垂两脚，我们称之为"软脚幞头"或"垂脚幞头"。后来，幞头的两脚逐渐变长，加上铁丝、铜丝，将之撑起，成为硬脚，发展出各种形态。幞头也由方布演变为帽子，如宋代流行的展角幞头、交角幞头，明代的乌纱帽等。

巾子

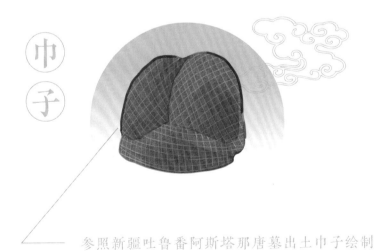

参照新疆吐鲁番阿斯塔那唐墓出土巾子绘制

◆ ◆ ◆ ◆

蹀（dié）躞（xiè）带

唐代圆领袍外需系带，类似现代人的腰带。

比较常见的是蹀躞带、革带。蹀躞带由胡人传入，带间有带环，可以用来挂各种随身物品。唐代曾有规定，职事官三品以上赐金装刀、砺石，一品以下则有手巾、算袋、佩刀、砺石。到睿宗时，罢佩刀、砺石，而武官五品以上可以佩戴佩刀、刀子、砺石、契苾真、哕（yuě）厥（jué）、针筒、火石袋，这些也被称为"蹀躞七事"。

太平公主女扮男装赴宴时，戴的也是类似的"七事"。

蹀躞带的材质、佩挂物件的数量，与佩用者身份高低相关，唐代规定三品以上的官员才可以用金玉带，是最高等级，四五品用金带，六七品用银带，八九品用鍮（tōu）石带，流外官及庶人则用铜铁带。所以在唐朝，你可以通过一个人的穿衣打扮，来判断出他的身份。

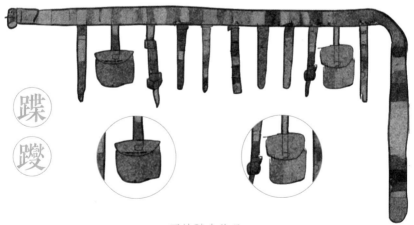

蹀
躞

可挂随身物品

唐朝美人 **出街指南**

大唐

文 清嘉

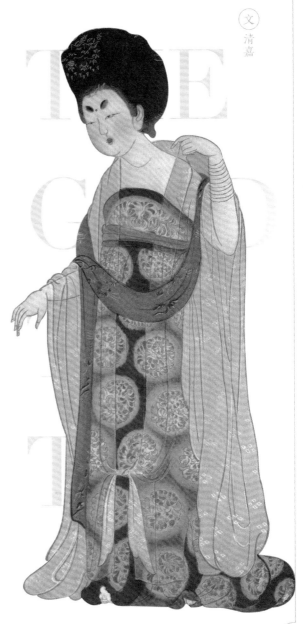

看腻了金银的簪钗，觉得戴着满头钗出街有点太张扬？今天我们就来偷师一下唐代白富美的时尚 Tips，看看她们都有什么独门巧思，让你的造型更加美美美。

唐代作为中国古代经济最鼎盛的时期之一，经济发达，文化繁荣，民风也较为开放。歌舞升平的盛世之下，无数"奢侈品"产业得到了长足的发展——毕竟富裕嘛。唐代贵妇们服饰奢侈、妆容华美、饰品精致，个个都是时尚达人。

　　"工欲善其事，必先利其器。"我们先粗略复习一下功课——唐代发髻的样式。唐代仕女以高髻为美，高髻可显得女子颈首修长，亭亭玉立。具体的款式则有百余种，其中比较常见的有云髻、丫髻、螺髻、双垂髻、半翻髻、蛾髻等，当然还有一些不常见的，比如翻荷髻、坐愁髻、朝云近香髻等，有兴趣的同学可以补下课！

双丫髻　　　　　双垂髻　　　　　坠马髻

倭堕髻　　　　　发髻　　　　　双环望仙髻

高　髻　　　　　双螺髻　　　　　单刀半翻髻

　　复习好了吗？接下来我们进入下一课，也就是唐朝白富美的独门秘技之——"梳背"的运用！

梳背，就是它！能让你的造型美上 N 层楼！

唐代发髻高耸，仕女们很喜欢将小小的梳子插在发髻上，露出雕刻繁复精美的梳背。没错！所谓"梳背"，其实就是日常用的小梳子。和簪钗相比，梳子更加小巧精致，不仅低调，更能突显大家闺秀的气质。因此一时间梳背在唐朝风靡起来，成为这个时代最具代表性的头饰之一。

《捣练图》场景

唐·张萱《捣练图》中仕女
——头上均有梳背做装饰

目前可考的唐代梳背中，以玉为材质的较多。大部分玉梳背是镶嵌在梳子上面的装饰，其雕刻的花纹也多以花、草、鸟、兽等吉祥纹样为主。

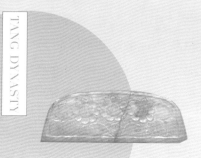

TANG DYNASTY

唐代玉花卉纹梳背

这类玉梳背下部有扁平且薄的桦（sǔn），用来镶嵌相同质地的梳齿。

除了这类独自成装饰的单纯梳背，唐代也有自带梳背的玉梳。

唐代玉花卉纹梳背，长13.8厘米，宽4.8厘米，厚0.2厘米。故宫博物院馆藏。

TANG DYNASTY

唐代玉双鸟纹梳

玉双鸟纹梳，长10.5厘米，宽3.5厘米，厚0.4厘米。故宫博物院馆藏。

这类玉梳子一般较为扁平，两面的纹饰相同且两端对称，皆以镂空透雕加短阴刻线纹完成，下部自带梳齿。

除了玉梳背，不要忘了，金梳背也是唐朝侍女发髻上的主力军之一！

唐代卷草纹金梳背，出土于陕西省西安市南郊何家村，现存于洛阳唐艺金银器博物馆。

唐代卷草纹金梳背长6.1厘米，宽1.4厘米，厚0.5厘米，可以在上端插入骨木梳齿。半月形梳背用掐丝焊接出卷草、梅花等花纹样。其技艺之高超，是唐代装饰品中的杰作。

唐代卷草纹金梳背

唐代莲花纹梳，湖南桃花岭中南工大唐墓出土，一对两件。现藏于长沙博物馆。

与玉梳背一样，除了单独的梳背部件，金梳背同样也有梳背和梳齿合为一体的小梳子。

唐代莲花纹金梳
（根据实物绘制）

俗话说得好，穿金戴银。唐代的银梳背也同样很精美！姐妹们完全可以安排起来。

TANG DYNASTY

唐代鎏金透雕卷花蛾纹银梳

唐代鎏金透雕卷花蛾纹银梳，高8.5厘米，宽13厘米。

介绍完了梳背的样式，那么如何佩戴，才能成为最靓的仙女呢？唐朝诗人王建在《宫词》一诗中写道："玉蝉金雀三层插，翠髻高丛绿鬓虚。"可见梳背的插法也是较为复杂的，但是万物总有基本法，大部分唐代女子都是在挽好发髻的正面横插一把梳背。

梳背的佩戴方式

就像张萱的《捣练图》中的仕女一样，一把梳子再配上花钿，清丽气质呼之欲出。

除此之外，有些不太喜欢素雅风格的贵妇们，会选择将一对或者多对梳背对称有序地插入发髻间，这种梳法更显雍容华贵的气质。

敦煌莫高窟藏经洞出土的接引菩萨画中的唐代仕女小像。伦敦大英博物馆藏。

壁画

随着时间的推移，唐代仕女对插梳的喜爱程度可谓是"如疯如魔"，在中唐至晚唐时期达到了顶峰。唐朝诗人温庭筠留有诗句"小山重叠金明灭，鬓云欲度香腮雪"，就是在说仕女头上华贵的发饰如山峦重叠，在阳光照耀下金灿明灭。

莫高窟壁画五代第98窟东壁贵妇

在唐朝，梳子作为日常使用之物，不仅兼顾了装饰功能，更是用来传递爱意的物品。"结发同心，以梳为礼。"绵长的爱意，皆在此小物之中，只望妥帖收藏，白头偕老。

不过到了宋朝，由于发型的变化，这种小梳便不再流行，后来到了清朝才又复兴，不过这就是后话了。

接下来让我们看看唐朝白富美出街独门秘籍之二：香毬。

中国的香文化历史悠久，夜点一豆灯，佳人相伴，也有暗香盈袖。出街时带上它，本指南保证，整条街的目光都是你的！

为了这一拉风的效果，唐朝人可谓是极尽奇巧之思，设计出了这款大名鼎鼎的葡萄花鸟纹银香囊。

唐葡萄花鸟纹银香囊。1970年出土于陕西何家村。外径4.6厘米，金香盂直径2.8厘米，链长7.5厘米。

唐代葡萄花鸟纹银香囊

别看这个物件很小，却包含了匠人无尽的智慧：三层旋转轴的设计，使得外球无论如何晃动，内里的金香盂永远都保持水平状态，有效地避免了香灰撒落一身的尴尬情况。

怎么样，听起来是不是很心动？再悄悄告诉你，冬天它还具有暖手的功能，一物多用，还十分美观，你值得拥有！

说完了匠心独具的香囊，唐朝仕女还有第三个戴上就仙气暴涨的时尚单品——臂钏。

臂钏，又称"跳脱"，多为金、银及玉质。我们都知道，唐代以丰满为美，而臂钏这一首饰，恰能凸显上臂浑圆的美丽。

唐金镶白玉钏，现藏于陕西历史博物馆。

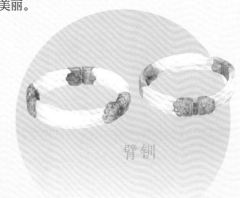

臂钏

好了！今天的唐朝出街指南就到这里，再画

一遍重点——唐朝出街三件套：

梳背、香毬、臂钏。

备齐三件套出街，十万浪子为你回头！

唐代仕女妆扮指南

文 瑶华

THE GUIDE
TO TRAVEL

诸位看官，大家好！小女子自东土大唐而来，是士族韦家的一位……侍女，不是仕女。像我这样的侍女，韦家有四百人之多，根据每人擅长的技艺来分配岗位，我就是专门负责九娘子梳妆打扮的侍女啦。

唉，我家娘子正"愁春懒起妆"呢，这不，卢家的十二娘子已经派人送了书信，约今日乘车跨马，共去郊野探春，同行的还有杜家娘子、李家娘子等等。九娘子此番一定是要精心装扮，艳压群芳。

身为高门侍女，给娘子们化妆可是一丝不敢马虎。敷铅粉、抹胭脂、画黛眉、贴花钿、点面靥、描斜红、涂唇脂，工序繁多。听说，胭脂是从一种叫红蓝花的花汁中提炼出来的，要营造不同的妆容效果，也有不同的擦法。

因为正是春日，要人比花娇，脸颊、脖颈上可不能吝惜胭脂，需要重重地涂上，想来今日晚间回府洗面，泼出去的水一定会变成红泥了。

眉形、口脂的画法就更加多样了，画眉有鸳鸯眉、小山眉、垂珠眉等数十种，有的细长弯曲，有的短平而阔，娘子说时下流行如桂花树叶片的桂叶眉，嫌我画的不好，自己上手又描绘了一番。随后，还要在额头上黏贴用金箔片制作的花钿，并在面颊上点上豆大的圆形面靥，最后在太阳穴涂上一对月牙形斜红，和花钿相呼应。

最后就是画唇了，式样有石榴娇、嫩吴香、半边娇、万金红、圣檀心、露珠儿……可以每天换一种，画一个月都不会重样，娘子选了在唇上用浅绛色口脂晕开的"胭脂晕品"画法。

吐鲁番阿斯塔那出土的唐代仕女图绢画

与精致的妆容搭配的衣着，当然也得细心准备。

就说那衫裙，每一位世家女子都这么穿着。现在天气暖和，娘子没有选择齐腰短衫，而是穿上了轻薄的大袖罗衫，仿照宫中式样，满铺蹙金绣花叶纹样，配上大红色的石榴裙，真是鲜艳又富丽。

像石榴一样艳红的裙子，是仕女们的最爱，像我家主人这样身份高贵的女子，不会吝惜做裙子的布料，裙摆拖到地上才时尚，走路时裙裾会扫起落下的花瓣，坐下时衣带会牵绊新生的碧草。

今天风和日丽，主人们一定会选取有名花之处闲坐玩赏，将外穿的红裙递相插挂，作为宴幄，让那些轻薄儿窥视不到。

听说安乐公主有一条"百鸟裙"，是用珍奇的鸟羽织成，正看是一种颜色，旁视是另一种颜色，在太阳下和在暗处又都是不同的颜色，裙中还织有百鸟图案，让人眼花缭乱，真是太奢华了！

和衫裙搭配的还有披帛，也叫帔子，其中一种布幅较宽，长度较短，披在肩上，两端垂在胸前；另一种布幅较短，长达数尺，缠绕在双臂上，显得衣带当风，飘飘欲仙。披帛的颜色、花纹，都要和衣裙颜色相衬协调，今日娘子的披帛就是郁金染色的，鲜明夺目，可以调和裙子的艳红。和衣裙搭配的还有精美的鞋子，娘子穿的是鞋头上翘并且装饰有蹙金花样的"重台履"，制作鞋子的布料也是和裙同色的红底花鸟文锦。

我呢，也不能比别家的侍女逊色，今天我穿的及地长裙由红白间色拼合而成，和淡绿色窄袖衫、黄色披帛、绿色翘头履搭配，显得非常和谐（参考自安元寿墓壁画）。

段简璧墓壁画侍女　　　　　　安元寿墓壁画侍女

　　游春的仕女中也有大胆豪迈的，穿上了男子式样的胡服：翻领、窄袖、对襟的缺胯袍和紧口条纹波斯式样裤，腰系蹀躞带，脚穿软锦尖头线鞋，头戴尖顶胡帽。我曾经看到过段家的侍女身穿白色圆领窄袖袍、红绿相间条纹的波斯式样裤子，系腰带、佩鞶囊、脚穿长筒黑靴，想来就是这种胡服和男装的结合了①。

《虢国夫人游春图》局部

①参考自段简璧墓壁画。

以前，仕女骑马出行时，头戴帽檐下垂一周纱幕的"帷帽"，听说也是源自胡服的羃（mì）。这一装扮曾经遮蔽全身，后来只半遮面部，用处也从遮蔽风沙转变为装饰，现在几乎不再有人使用了，大家都大大方方地在马上展现美丽的容颜。但今日游春主人并未吩咐骑马，我也就不用跟在马尾巴后面了。

时候不早了，今日就先介绍到这里吧！娘子叫我去捧镜子，她要用两面镜子前后映照，看发髻上插的花枝是否合衬。

《虢国夫人游春图》局部

Yun
乙

Hua Xiang
花 想

Xiang Yi
想 衣

Rong Chang
宫 裳

第三章

宋朝穿越指南

1. 穿越到宋朝，首先要弄清楚自己穿越到了哪个时期。南宋、北宋流行的衣服款式不太一样，前期和后期流行的也不太一样。如果穿越到了宋太祖时期，晚唐五代流行的衣服还能暂时穿一下，毕竟女孩子的衣柜不会立刻更新。但如果穿越到了神宗、哲宗时期，妹子们还是得乖乖把齐胸裙收起来，换上对襟衫、褙子，跟着大宋女子一起追求时尚吧！

2. 那边的同学要注意一下！宋朝穿衣服可是有颜色规定的，如果是普通百姓，只能穿皂色和白色。不过嘛，规定就是用来打破的，大家太爱偷穿紫色，于是朝廷后来只好放宽规定，紫色也能穿了。你说古画上的美人怎么有那么多颜色的衣服？如果你躲在家里面，怎么穿官府也抓不到呀！

想阅读李清照的时尚笔记，一睹苏轼、柳永、王安石等文圈大大真容的旅客，请在这边按顺序登记，不要拥挤，祝本次穿越之旅愉快！

宋朝篇

宋朝女子穿衣层次

CHUAN YI CENG CI

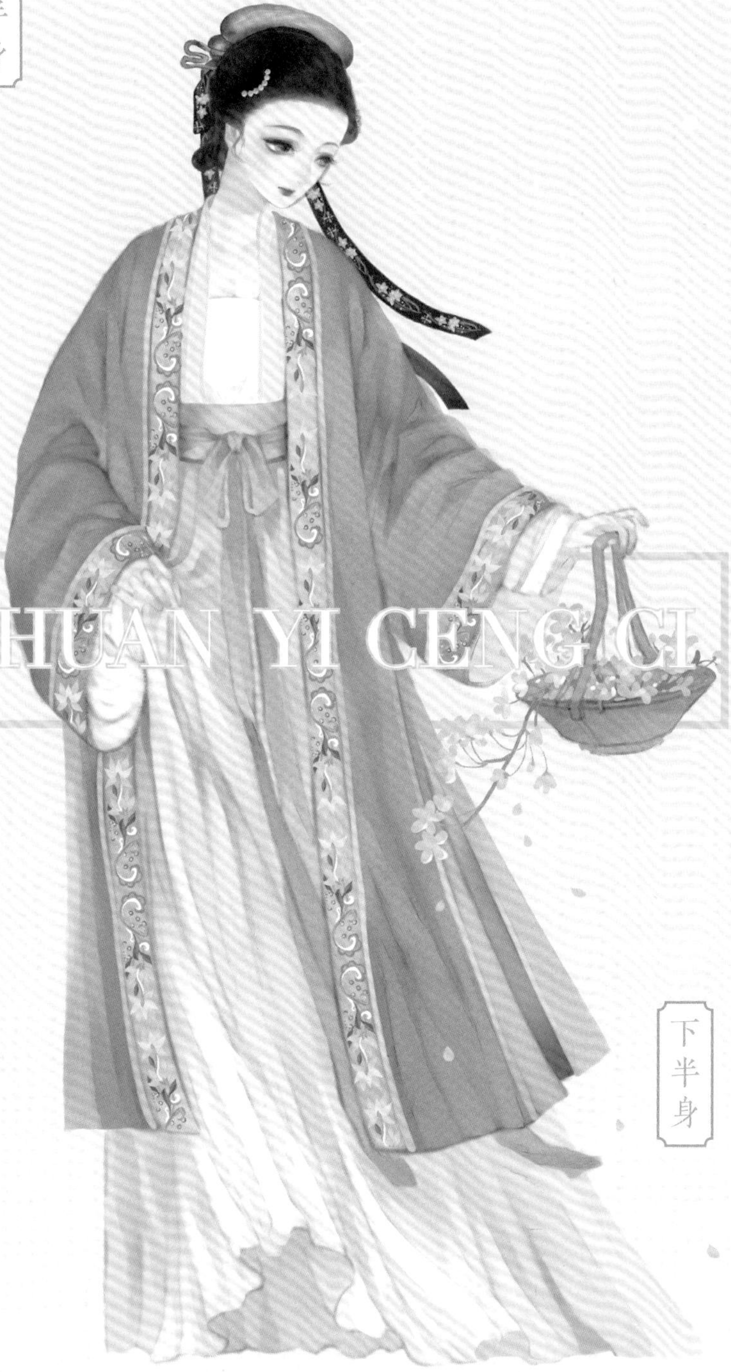

上半身

抹胸/肚兜——衫/袄——背心/褙子

下半身

裈——袴——裙 or 裈——袴——裆

肚 兜 抹 胸

推荐人：南宋白富美黄昇的侍女

我家小姐来自南宋一个显赫的家庭。她的父亲是南宋绍定二年（公元 1229 年）的状元，考上状元以后迅速走上了人生巅峰，一路做官，后来当上了泉州并提举市舶司。

你可能觉得听起来似乎不怎么厉害？

悄悄告诉你，当时的泉州可是当时南宋最大的港口，各种好看的绸缎，好玩的外国新奇玩意儿，这里都有。

在小姐 16 岁的时候，嫁给了赵匡胤的第十一世孙——赵与骏。虽然和皇室关系远了点，不过好歹也算是皇亲国戚，妥妥的南宋白富美。

可惜好景不长，小姐 17 岁那年，就因为难产而死了。

哎，白富美的人生也不是一帆风顺的。

小姐的父亲和夫家为她准备了丰富的陪葬品，光她喜欢的衣服都有 354 件，包含了各种各种面料的绫罗绸缎，还有各种好看的衣服：抹胸、围兜、裙、裤……甚至还有荷包、香囊、卫生带等私密小物。

你们可能会好奇，肚兜和抹胸是什么？宋朝女孩子的内衣吗？

答对啦。不过两者之间是有区别的。

抹胸、肚兜虽为女子内衣，但宋代女子多穿直领对襟衣物，胸口敞开，抹胸肚兜便会直接露出。古人为了保暖养身、怕受风寒，在肚兜抹胸之外，还有一件"裹肚"。裹肚数据较抹胸短窄，现代人追求腰身，几乎没有人制作。

小姐的衣帽间里就有三件约 25 公分、长 60 多公分的"围件"，后来的人推测这应当就是裹肚。我家小姐的衣柜里还有许多其他的流行款式，下次跟大家介绍吧！

抹胸

在正中间打一道三角褶收省，可以容纳胸部，使衣物更贴合身体曲线，也有不收省的抹胸。

肚兜

是指前面遮盖、没有后幅的内衣，不仅是妇女，小孩也会穿肚兜。

衫

推荐人：时尚博主李清照

大家对我们宋朝女子的穿衣日常，实在是误会很大。

可能是因为目前出土的文物里面，宋代女子的上衣只有直领对襟、通裁开衩这种单一形制衫与袄，只有袖子和放量有所不同，于是大家觉得我们穿得很普通。

其实并不是这样啦！

仔细观察，你就会发现，街上宋朝小姐姐们所穿衣服的袖型，可谓是五花八门。

大部分衫与袄的袖型都是直袖、窄袖，但也有一些颇具特色的设计。21 世纪的同袍们给它们取了些形象的名字：安徽南陵铁拐宋墓出土的是袖根肥大、袖口极窄的蝙蝠袖（飞机袖）、福州南宋黄昇墓出土的是袖口略大于袖根的喇叭袖、茶园山宋墓出土的是极窄的羊角袖等等。总而言之，宋朝女孩子在衫袄的袖型上的选择非常多，各种款式任你挑选。

而且我们在直领对襟的衣物上，会增加一些装饰条，例如绣花、印金填彩或素色，这种装饰条，我们宋人称之为"领抹"，在市场上能轻易购得。有了这些装饰，再也不怕出门撞衫了！

值得一提的是，我们宋代女子衣物的长短与时代的关系不大，短衫袄和长衫袄都是当时的时髦款式。但是北宋和南宋时期的衣服版型，区别很大。

北宋时期出土的女装上衣，胸宽平铺普遍都非常大，于是大家推测，当时可能流行宽松的版型。而南宋时期出土的衣服则较为合身，更加修身显瘦。

说了这么多，看看外面的阳光，真是"风柔日薄春犹早，夹衫乍著心情好"。

春光明媚的日子，是时候脱下袄子，换上轻薄的夹衫出门玩了！

领抹

在少数陶俑与壁画上，还能看见女子穿着交领衣物或圆领衣物的情况，也许这些衣物确实存在，只是目前还没被发掘。

褙
子

褙
子

　　褙（bèi）子是穿在衫袄外的第三层衣物，也是宋朝女子最常见的衣服。它的正式性介于衫袄与大袖衫之间，不管是男孩子还是女孩子，都可以大胆地穿着它出门。对男生而言它是便服，对女子而言它是常礼服，可以穿着参加祭祀和宴会。

　　因为其正式性，褙子经常搭配裙装穿着，宋人称这样的搭配为"裙背"。

　　褙子的型态与衫袄是相似的，它们最大的区别就在于长度，褙子的长度大概在小腿到脚面之间，衫袄则短得多。有些宋朝的复古男孩会在腋下加上系带，垂而不用，认为这是仿古 style。

考据小 tips：

　　①有人主张全缘边的衣服才能称得上是褙子，笔者延续沈从文、黄能馥先生的观点，认为长至足部就是褙子。

　　②宋代女子因为流行衣服不加系带、钮扣，所以在宋代出土的女子墓葬中，并没有看到腋下垂带的出现。

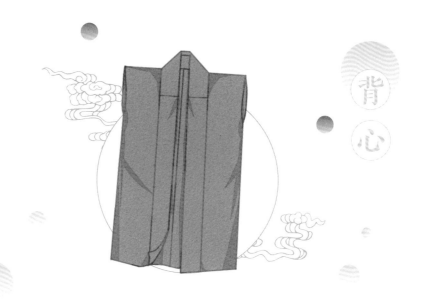

推荐人：南宋白富美黄昇

今天为大家介绍的是我非常喜爱的丝织珍品——深烟色牡丹花罗背心。

宋朝的背心是穿在衫袄外的第三层衣物，男女都可以穿着，通常也是两侧开衩，直领对襟，有短袖的，也有无袖的，长短不一。到了冬天，背心更是御寒神器，宋人记载中就有填充棉花的"棉背心"。

而这件深烟色牡丹花罗背心的特别之处，在于它竟然只有 16.7 克重！比起辛追奶奶那件举世闻名的素纱禅衣，还要轻一半以上！

到底是什么让它如此之轻？这不得不说到一种现代已经失传的纺织工艺——四经绞罗。罗，是一种非常轻薄的丝绸，用它做出来的衣服舒适清凉，当然它也价值不菲。

四经绞罗指的是将四根经丝交织在一起纺织，其中经丝不能有任何错位跟打结，而且对相绞的次数也有严格的规定，纺织难度极大，所以随着时间流逝，这种高超的技术逐渐失传了。

这件牡丹花罗背心就是我夏天最爱的一件单品，搭配褐色罗印花褶裥裙一起穿，轻薄透气又凉快，就连炎热的夏天都变得没那么难熬了。

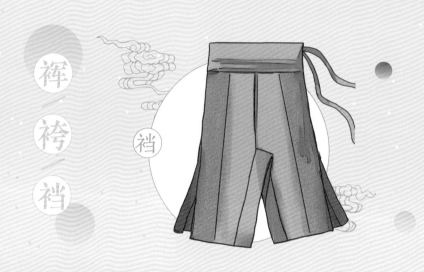

裈

袴

裆

裆

宋朝的裤子天团来了！

他们分别是裈、袴、裆三兄弟。

　　裈为合裆裤，为贴身穿着，有长裈、短裈、犊鼻裈，多为单层，和袴搭配时穿在内层。袴为开裆裤，为保暖设计，套穿于裈之外，各种厚薄都有。这些前文都有介绍。

　　而"裆"则是新鲜出道的南宋女子特色衣物，裆是合裆裤，两旁侧开且有一对褶子。"裆"只有装饰作用，不能单穿，里面必须套穿其他裤子，所以宋人用"裆裤"来称呼裆与其他裤子的组合，现代商家则称之为"宋裤"。商家的宋裤多半是汉元素服装而非汉服，因为在穿裆裤时需要套穿两件裤子，穿起来不太方便。商家往往把两件裤子缝在一起，用抽绳或者松紧带做裤腰。

　　天气炎热时，怕热的宋朝小姐姐们也可以单穿长裈，或者内穿犊鼻裈，外穿单袴，清凉出街。

《清明上河图》

在描写汴京繁华景象的《清明上河图》中，火眼金睛的小记者发现了袴的踪影！

这位女子正在船上洗衣服，洗完的袴就直接晾在了船顶，也忒不讲究了！

XIAO ZHI
SHI

《六书故》：「裆，穷袴也，今以袴有当而旁开者为裆。」

作为宋朝时尚潮人，你一定要有一件漂亮的小裙子！

　　百迭裙是中间打满褶子，两边留有光面（裙门）的一片式裙子，裙头长短随意，可以仅合围露出内搭的裆裤与短裙；也可以裙身交叠，将裤子遮掩起来；还有一种前短后长的百迭裙，可以将裙摆拖曳在地上。百迭裙中间的褶宽 1 厘米到 4 厘米不等，大小变化随意，褶子用顺褶或工字褶都可以，随着个人喜好可以任意变化。

　　毫无疑问的宋朝明星款式，上至宫廷贵妇，下到市井平民，大家都爱穿。

　　时尚百搭，就选它！

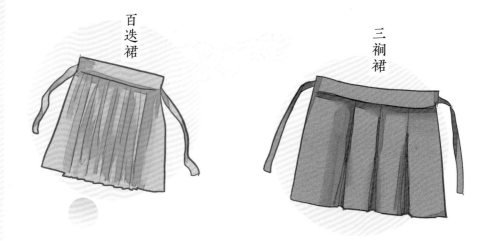

百迭裙

三裥裙

　　三裥（jiǎn）裙是大唐流行风尚的延续，在宋代仅有周氏墓出土过一条；裙子由四个长方形裁片拼接而成，中间打三个褶子，所以称为三裥裙。裙子透过收褶与褶子上端缝合，达到裙身上窄下宽的效果。

　　交窬裙（二破）主要流行于北宋，采用两个直角梯形拼合，裙子仅能合围，需搭配裤子、短裙穿着。

旋裙（两片裙）

推荐人：南宋白富美黄昇

两片裙是南宋白富美黄昇最爱的款式，光从黄昇墓中就出土了18条。

部分学者认为这是文献中所说的"旋裙"，当时京城的妓女为了骑驴方便，所以制作了前后开胯的旋裙。

两片裙的两个裙片叠合，裙头缝合，裙身相离，确实符合前后开胯的特征。

两片裙分为大摆与小摆两种制作方式。大摆的两片裙由四个直角梯形两两相拼而成，拼接处有收省，小摆的两片裙则是长方形减去一角，成为五边形，在拼接处一样有收省，使裙子能贴合臀部曲线。而窄摆的两片裙，裙片周边常缘饰花边，因此也经常被称为"花边裙"。

宋朝男子穿衣层次

CHUAN YI CENG CI

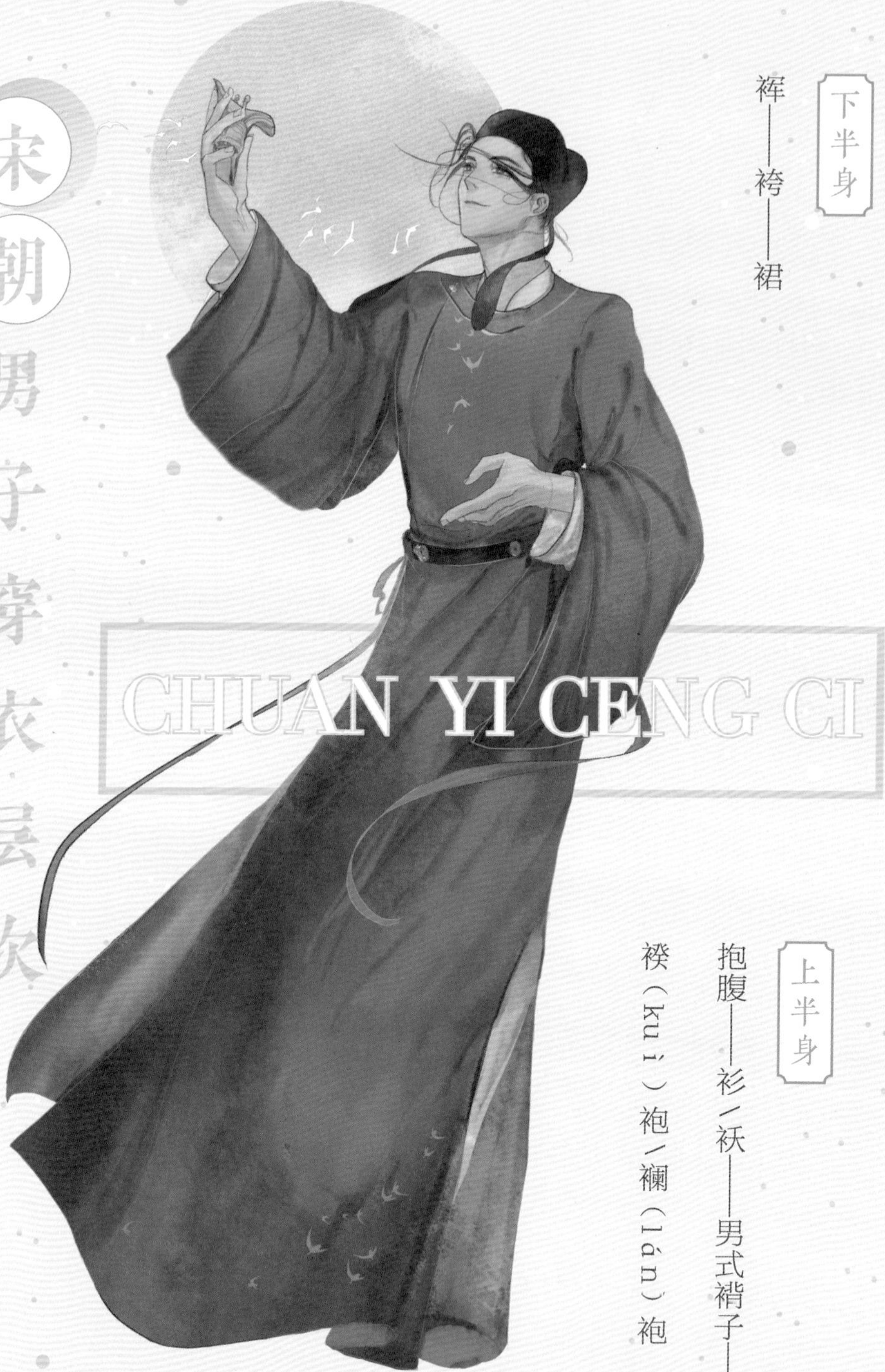

下半身

裈——袴——裙

上半身

抱腹——衫/袄——男式褙子——

[衤癸]（kuì）袍/襕（lán）袍

推荐人：想吃肉的苏轼

想知道宋朝词人们日常穿啥？

这个问题非常严肃。

首先，我们和同时代的女孩子一样，也会贴身穿肚兜打底，后世称之为抱腹或抱肚。在很多宋朝人自己绘制的隐逸高士形象中，有不少穿着抱肚的名士，显得放荡不羁又潇洒。

那平时出门穿什么？这个简单，只要你不过分讲究形象，衫袄配裤子，能满足你大部分日常时间的装扮需要。

目前宋墓出土的男子衫袄，多数为过膝的长衣、宽直袖，虽然平铺和一般的直袖很像，但是其袖宽和袖根宽，多半在50~60厘米左右。早年我为官的时候，穿的衣物都比较长，有直领大襟、直领对襟等多种款式的长衫可以选择。这也是有钱士大夫阶级都爱的打扮。短衣一般只有直领对襟的棉袄，其余款式不多见。

后来我因为"乌台诗案"被贬到偏远的黄州，穷困潦倒，还得自己开荒种田，这时候宽衣长袖就不适合干活了，我的穿着也变成了窄袖、短衣。如果是用比较粗劣的布料制作的衫裤，就被称为裋褐或短打。

黄州生活贫苦，我不得不节衣缩食，节俭度日。好在黄州的猪肉很便宜，贵者不肯吃，贫者不会煮，我呢，就用虚火慢炖，早晨起来打两碗，吃饱喝足美滋滋。

男士褙子

特点

①直领对襟。

②宽直袖。

③衣长到脚面。

④腋下垂带（复古男孩的最爱）。

⑤衣物前片宽于后片。

小知识

· · ·

　　褙子为宋代男女通服的形制之一，同时也是男子便服，于非正式场合的穿着，是穿于衫袄之外的第三层衣物。上至皇帝下到平民百姓，人人都爱穿它。男子的褙子本来被穿在袍服之下当内衬，有中单（古称中衣）的功能，也可以单穿。单穿的时候，需要搭配紫勒帛①，不然会被视为不敬，直到北宋末年才没有这个规矩。

①丝织的腰带。

古风服饰

我买了一件最近流行的魏晋风衣服，魏晋风到底是什么风格呢？

关注问题 （写回答） （邀请回答） 添加评论 分享 举报

查看全部答案

　　魏晋风汉元素套装，通常是交领上衣，褶裙外罩一件唐制大袖衫，老实说现代人参考的魏晋画作多为宋摹本，宋人绘的男子罩在裙衫之外的第三层衣物，很可能就是褙子。现代人误以为是魏晋人物的穿搭，其实很可能是宋代男子穿着衫裙，搭配褙子的形象。

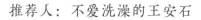

圆领袍

推荐人：不爱洗澡的王安石

不好意思，因为我这个人生性率直，不修边幅，所以衣服总是……呃……不太整洁。

自从我为官以后，穿的多是圆领袍。圆领袍是唐代男子最主流的衣物，宋代也延续着唐代的习惯，我的衣柜里就有几件样式差不多的圆领袍。

圆领袍比褙子正式，其中开衩的袍服在宋代被称为"袗（kuì）袍"，是宋朝官们员私下场合穿着的服饰。

至于上班打卡觐见皇上，自然得穿正式点儿，这时我就会穿"襕袍"。宋朝的公服，也继承了唐代的款式特点，发展出了大袖。它的特点是圆领大襟、不开衩，下接横襕，比袗袍显得更加正式，被称为"襕袍"。一般搭配幞（fú）头（通常是展脚幞头）、革带、靴或革履。

简单地说，就是平时在家穿袗袍，上班的时候穿襕袍。

因为不爱换衣服、不爱洗澡，#王安石不爱洗澡#这事还不小心上了热搜，引起了不少误会。我不修边幅是因为我经常通宵达旦地读书，为了读书废寝忘食，才不是出门鬼混去了！

不说了，我的好朋友韩维刚发消息来，邀请我去寺里聊（洗）天（澡），我得赶紧去赴约，回头见！

常 服 / 朝 服 / 公 服

◆ ◇ ◇

敲黑板！古代的常服、朝服、公服都有特定的意思。

常服：指的是在"常朝"时穿的礼仪性服饰，不是日常穿着的意思。

朝服：又称为"具服"，是古代在大祀、庆成、正旦、冬至、圣节及颁诏开读、进表、传制等重大典礼时使用的礼服。

公服：从北魏北齐至明朝的品官在早晚朝奏事、侍班、谢恩、见辞时所穿的一种官服，后改为只在初一、十五朝省时穿。因为比朝服省略了许多繁琐的挂佩，所以公服又称"从省服"。唐宋时，庶人可以穿公服举行婚礼。

褉袍 其实可以细分成左右开衩与前后开衩两种。左右开衩的褉袍从唐代缺胯袍继承发展而来，微妙的是目前宋代并没有看到明确的实物出土，不过在诸多的绘画与陶俑中，都能看到它的存在。

文/明戈

李清照

穿搭
日记

1.

"昨儿的雨也太大了。"少女一边梳妆一边抱怨。

"小姐，您昨晚都要打醉拳了还知道下雨呢？"丫鬟一边卷起门帘一边打趣。

少女娇嗔地一跺脚："我可是大家闺秀，咋可能呢，没有的事。小翠，我院子里种的海棠怎么样了？"

丫鬟随口答道："还不是老样子。"

少女走过去，轻轻倚在门框边，嘴角勾起一丝笑意。

"昨夜雨疏风骤，浓睡不消残酒，试问卷帘人，却道海棠依旧。知否，知否，应是绿肥红瘦。"

丫鬟拍了拍手："厉害啊您，您不应该叫李清照，应该叫福尔摩照。"

抬头只见李清照已经换好了衣服。她身穿浅绿抹胸，葱白银边短衫袄，搭配鹅黄三裥裙，一头青丝挽成流苏髻。

外面满地狼藉，尽是萧条清冷的意味。可当她走进院子里时，却如同早春三月一株灵动的花，散发着朝气与活力，点亮了整个画面。

"小姐，您也太会穿了吧……"丫鬟眼冒小心心。

李清照嫣然一笑："选择袖根肥大、袖口极窄的蝙蝠袖，完美藏住'拜拜肉'，采用裙掩衣的穿法，在视觉上大大拉伸身高，显腿长。衣服的颜色搭配整体要和谐，鹅黄、葱绿、月白，都是属于春天的颜色。"

"高！实在是高。小姐，那您下午就穿这身去和闺蜜划船吗？"

"自然不能。划船要讲究运动和轻便，上身得穿短衫，下身也要换成长裤和轻便的裙子。"

"小姐，您一个大家闺秀穿这么运动风干吗？"

李清照调皮地一眨眼："自是要争渡争渡，去吓那群鸥鹭。哦对了，衣服颜色的饱和度也要高一点。"

丫鬟："这个我知道！为了让您从姐妹里脱颖而出！艳压她们！"

李清照："非也。万一我落水了，方便别人来救我。"

2.

时间过得很快，不知不觉间到了元宵节。

这天，李清照刚进家门，就看见丫鬟迎上来压低了声音耳语道："小姐，今晚相国寺有花灯会，要不要偷偷溜出去参加？"

"罢了，我今夜要挑灯夜读。"李清照正色。

"可我听说有好多帅气哥哥……"

"我灯坏了。花灯会几点开始？"

3.

俗话说得好。有才华的不可怕，就怕她还会穿搭。

墨绿暗竹纹抹胸，搭配葱白百迭裙，走起路来摇曳生姿。外面搭一件绣着细小花纹的月白色绫袄，充满设计感。

"怎么样？"李清照转了个圈，衣衫飘动，发髻的流苏微微摇晃。

"直角肩，杨柳腰，还腹有诗书，小姐'杀'我！"

李清照面颊微微泛红："就你会吹彩虹屁。"

灯会果然热闹非凡，人头攒动。一众花里胡哨的穿搭中，李清照显得尤为清新脱俗。

突然，一双骨节分明的手拍了拍她的肩。李清照一回头，只见一个面容干干净净的男子，正嘴角带笑地望着她。

巧的是这男子里面也穿一件长衫，外面是件月白色褙子，只不过腋下多了两条系带。

李清照来回打量着他，丝毫没发现自己目光过于直接。倒是男子有些不好意思了，微微把头别开："李小姐你好，我叫赵明诚。"

李清照这时才反应过来自己有些失态，脸"腾"地一下子红了。

"真巧，竟然穿了情侣衫。"男子看她反应可爱，不禁失笑。

李清照脸更红了。

"……别瞎说。"

"素闻李小姐诗词歌赋俱佳，乃我大宋第一才女，在下倾慕已久。今日一见，才发现衣品也如此之好。"

"你也不差嘛。"

李清照偷偷抬起头来望向赵明诚，没发觉自己眼里满是星河。

打这次见面后，赵明诚便是茶饭不思，一心想娶这位又酷又有才的小姐姐。为此，还特意谎称自己梦到一首诗，然后让父亲帮忙解梦。

"言与司合，安上已脱，芝芙草拔。"

父亲大惊——"吾儿是要得一能文词妇也。"那李清照，怕不是自己命中注定的儿媳妇啊！

啧，腹有诗书气自华，人有佳态摄魂魄。

李清照小课堂：有才又会穿，在玩耍的同时，你还能顺便收获一个帅气的老公。

4.

别人结婚都发福，但李清照作为一个会穿搭的才女，即使结了婚也依旧严格保持着自己纤瘦的身材，所以妹子们还是拿她当风向标。

关于这件事还闹出过一个笑话。

某天李清照上街溜达，突然看见街边一个老者卖《古金石考》。李清照找这古书找了好久，正好今天遇到了，这不是巧了吗！

正当她要掏钱买，却发现自己只带了十两银子。再一问老者，这本书价值三十两。

"姑娘啊，实在对不住，我这不讲价。"

"那我明天再来买行吗？"

"我今晚就要回老家了。姑娘，看来你和这本书无缘。"

李清照一咬牙。

"你等我！"

过了十分钟，只见她只穿着单衣就回来了。

"我把我限量版的褙子当了，来，给你钱。"

说罢她高高兴兴地抱着书走了。

她是开心了，别人不知道怎么回事啊。于是第二天热搜变成了——

不穿褙子新风尚

#1101 年！单衣外穿年！ #

不过幸好李清照本尊出来辟谣，这股潮流才被压下去。[①]

5.

好景不长，二人的太平日子没过多久，赵明诚就因为工作需要被调到外地了。

①根据《古今石考》故事改编。

一对新婚夫妇聚少离多，又都是搞文艺的，那怎么表达自己的思念呢？

写词吧。

也就是在这个时候，李清照的那首《醉花阴》横空出世。

"莫道不消魂，帘卷西风，人比黄花瘦。"

作为一个情感博主，为了煽情什么话说不出来，好一个人比黄花瘦！

李清照是写爽了，赵明诚可心疼疯了。

自己老婆太惨了，这得瘦成什么样啊。

这天李清照正开开心心当肥宅，边吃边喝听小曲，只见丫鬟匆匆忙忙跑进来。

"夫人！老爷回来了！"

完蛋。

最近吃胖了能有十斤，这可怎么整。李清照连忙跑去衣柜前，慌张地挑起来。

五分钟后，李清照走出屋子，竟真是瘦若黄花，丫鬟都看傻了。

只见她身穿一条浅蓝色两片裙，外套一件宽大的藏蓝色对襟衫，上面暗绣着一道道的竖条纹，纤弱地倚在门口。

丫鬟惊呼："您怎么了？"

李清照压低了声音："裙子遮大腿肉，深压浅弱化胯宽，廓形深色大衣拉伸身材比例，竖条纹视觉显瘦。"

丫鬟拍手："瑞思拜！"

6.

李清照微微一笑："穿搭博主不是白当的，热搜给姐安排上。"

"怎么写？"

"莫道不消魂，帘卷西风，你穿，你也瘦。"

紧跟潮流，宋代的时尚爆款

HISHANG
CHAO
LIU

潮流

　　说到时髦程度，宋朝可是丝毫不比唐朝低。在经历了唐代的繁荣积累后，宋代可谓是历史长河中，人民生活幸福感爆棚的时代。虽然大家有时会打趣说"宋朝小市民"，但是宋代在生活上的艺术造诣绝对是不容小觑的。这其中很大的一个原因，大概就是宋代拥有完善的高福利体系，只有在生存压力相对不那么大的情况下，才能孕育出各个阶层的"时髦先锋"。

鱼惊石 01

鱼惊石，又叫鱼晶石、鱼鮹（shěn）。在宋朝常被做成『鱼枕冠』，是较为常见的饰品。可惜由于难以保存，并没有流传于世，甚至连图像资料都没有。目前也只有从苏轼的《鱼枕冠颂》中窥见其一二了。

长 6.7 厘米，重 3.3 克。1985 年漕河镇罗州城遗址窖藏出土。坠部自上至下依次为带瓣莲实、荷叶、莲花、花瓶、鲤鱼、荷叶、刀形吊饰。蕲春县博物馆藏。

耳饰 02

以耳饰在宋朝潮流界的地位，"白富美"出嫁时自然少不了它！

宋代耳坠

金帔坠 03

金帔坠，这名字一听就很容易让人想到什么？对！就是"凤冠霞帔"中的霞帔。金帔坠就是霞帔末端的压脚，只有特赐的命妇才有资格拥有。所以白富美们佩戴它们出嫁，绝对会荣升街坊邻居话题 Top1。

满池娇纹金帔坠

东阳博物馆藏

金帔坠大多数是水滴形，也有圆形。

结婚嘛，自然要图好彩头。满池娇的纹样大多是指莲花鸳鸯各在一边，也寓意夫妻和睦，官运亨通。

看完了前面的潮流配饰，再来看看宋朝时尚界流行的金钏。金钏为戴在手腕上的装饰品，金钏和金鋜一样也分为单环或多环，单环的叫做"镯"。

金钏 04

　　金钏，也就是金镯，在宋朝早期也是流行的配饰，穿戴保养相对容易，又不会像金细丝一样太容易变形。另外一个优点就是，纹样相对更多。虽然大多数是以牡丹为重心，不过辅花也能看出制作者的心思有多奇巧啦。

宋 卷草文金钏

金铤 05

宋 弦纹金指铤

了！

　　镯。作为一名宋朝白富美，当然从头到脚都要精致

帔底部保持平展的小坠子，金铤（zhuó）则是脚

前面我们已经介绍过，金钏是手镯，帔坠是挂在霞

铺席宅舍，或无金器，以银镀代之。』

当备三金送之，则金钏、金铤、金帔坠者是也。若

吴自牧《梦粱录》中记载：『且论聘礼，富贵之家

宋朝白富美结婚，也得有『三金』。

花冠 06

宋朝白富美，一定要有一顶属于自己的花冠！

地位较低的女性，一般佩戴的是花冠，即是用鲜花编织而成的冠饰。到了明清，宋朝流行的花冠，就变成我们熟悉的凤冠啦。

不过规格最高的龙凤冠，只有太后、皇后这种级别才有资格佩戴。龙凤冠的制作极其复杂，冠上几乎全部缀满珍珠，无数的珍珠编成游龙形状，用小珠编成一个个小人像。

宋仁宗后坐像 绢本

台北博物馆馆藏

又到了首饰潮流总结环节！总的来说，宋朝的首饰潮流与唐朝相比差距不大，只是在唐代的繁荣之上，宋代又向前更进一步。感兴趣的小伙伴可以在课后深入了解一下。

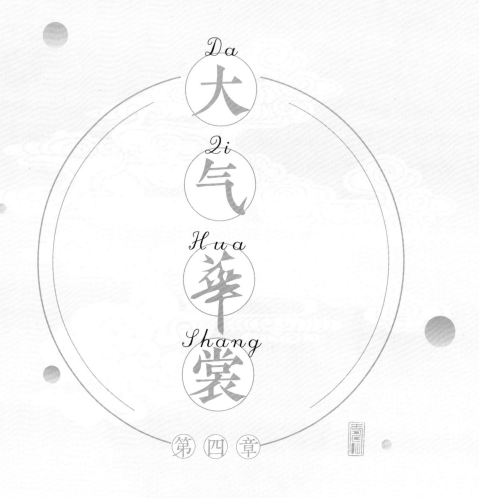

大 Da
气 Qi
萃 Hua
裳 Shang

第四章

· · ·

欢迎来到大明女孩最爱的购物一条街。

近些日子，各家服装店都有上新。百搭的衫袄、时髦的披风、织金马面裙……

过来瞧一瞧，看一看，总有你喜欢的款式。

若是觉得过于单调，珠光宝气的首饰买起来吧。

狄髻头面，是大明贵妇的选择。如果你预算不多，可以看看各式各样的簪子。

逛完购物一条街，包你满载而归！

明 朝 篇

明朝女子穿衣层次

CHUAN YI CENG CI

云肩通袖襕

膝襕

马面裙

底襕

上半身

1 汗衫

2 衫 / 袄

3 披风 / 比甲

下半身

4 裈

5 裤

6 裙

文／载酒行舟

SHAONV QIYUJI

1.

　　这个月的工资刚拿到手，你正打算给自己买点衣服时不幸陷入昏迷，醒来后发现自己竟然拥有了从书中取出所绘物品的超能力，并随超能力赠送给你一本印刷精美的《大明服饰合集》。

　　旁边一名衣着华丽的妇人告诉你，轮到你去宫里参加"海选"了。火速分析完自己的处境之后，你得出结论——看来是穿越了。依据那妇人的话，你推断出自己正在入宫和不入宫之间犹豫，你选择：

A.　入宫——跳转 2

B.　不入宫——跳转 3

2.

在电视台看了那么多宫斗剧，还是头一次有实践的机会，你当即决定入宫，自信以自己二十一世纪的眼界和老天所赠的"金手指"，必定能在这大明的后宫中占据一席之地。你一改之前的态度决定入宫，经过层层筛选，终于杀进了决赛，今日你将第一次面见陛下，宫人对你耳提面命，告诉你种种礼仪和规矩，你觉得：

> **A.** 第一次见面当然越郑重越好——跳转 4

> **B.** 简单点，换装的方式简单点——跳转 10

3.

你认为自己在二十一世纪并未修炼出玲珑心窍，倘若入了宫恐怕会被宫斗小能手们玩死，干脆以染病为由留在家中。古代女子生活艰难，你想要活得滋润，必须要有自己的产业。思虑再三，你决定充分利用老天爷赏的"金手指"，在古代开一家引领时代潮流的服装铺子。你的经营路线是：

> **A.** 专卖当时没有的新潮衣服，以求一鸣惊人——跳转 5

> **B.** 跟风当时的流行服饰，稳妥为上——跳转 8

4.

为了表达自己对皇帝的尊重与敬爱，你穿上了自己最华丽的衣服，穿上后显得你更加美艳动人，但也遭到了不少人的白眼。皇上虽然让你入了宫，但一直对你敬而远之。为了挽回圣心，你决定：

> **A.** 讨好皇上宠爱的妃嫔——跳转 6

> **B.** 收买皇帝身边的太监——跳转 7

5.

拥有"金手指"的你当然不甘心默默无闻下去，你从《大明服饰合集》中取出长衫袄，作为第一款主打服饰。明早期的衫袄皆是短款，这种本该在明中后期兴起的长款衫袄一炮而红。正当你春风得意时，你的竞争对手向官府举报了你。你认为：

> *A.* 可能真的有哪里出了问题——跳转 8

> *B.* 一定是对方恶意竞争，无耻——跳转 9

6.

在后宫中，妃子与妃子是天然的盟友，你决定拉拢陛下宠爱的妃嫔助你一臂之力。你以明末造型精美的桃形楼阁人物金簪作投名状，成功搭上了德妃的线。但德妃收了你的东西，却并没有为你做事，你气愤之余不得不再想办法。你决定：

> *A.* 妃子不靠谱，试试太监怎么样——跳转 7

> *B.* 求人不如求己，还是去后苑偶遇皇上吧——跳转结局 C

7.

宫中与皇帝接触最多的，无疑是随侍在他身侧的曹公公，你思考再三决定收买他，让他为你说几句好话。你取出一件金顶簪赠与他，他一口同意了你的请求。在曹公公的美言下，皇上重新想起了你。这次你吸取了之前的教训，你决定：

> *A.* 照猫画虎，看别的妃嫔怎么穿——跳转结局 D

> *B.* 简单点，穿衣服的方式简单点——跳转 10

8.

你本来对这个时代的了解就不多，出风头固然好，万一木秀于林被盯上反而更糟，你放弃了一鸣惊人的念头，开始观察别人的生意经。你最终决定以马面裙作为主打。马面裙是明代女子最为青睐的裙型，再加上你来自二十一世纪，随便编几条广告词，顾客自然纷至沓来。你的服装店很快站稳脚跟，你觉得：

> *A.* 守好这一家店铺足矣——跳转结局 A

> *B.* 是时候打开男装市场了——跳转结局 B

9.

你对举报这种行为深恶痛绝，觉得对方必然是在恶意竞争，最终你与竞争对手对簿公堂。公堂之上，你终于知道洪武二十三年，明太祖规定了官民衣服的尺寸细节，包括衣服的长度、袖子的长宽等，不得擅做更改。创业才刚开始你就遭遇了大挫折，你决定：

> *A.* 坚强的宝宝绝不认输，继续做稳妥的女装——跳转 3

> *B.* 此路不通可往他处，改做男装好了——跳转结局 B

10.

你是第一次见皇帝，皇帝却不是第一次见妃子，过于在意这个第一次委实没什么意义，倒不如另辟蹊径，在细节处下功夫。你从《大明服饰合集》中取出一件竖领对襟短衫，这种新鲜又讨巧的衣服成功让皇帝眼前一亮，你成功得到圣宠，从一名普通的昭仪晋升为嫔位。但你的野心绝不止于嫔位，你的下一步计划是：

> *A.* 制造与皇上的后苑偶遇——跳转结局 C

> *B.* 观察其他妃嫔的穿着，在服装上碾压她们——跳转结局 D

·结局 A
——达成成就：平凡的一生

你以女子之身在男尊女卑的明朝做生意，一方面一人精力有限，另一方面你也担心自己生意做大被人盯上，你决定守好自己这一家店铺就好。你最终通过店铺的收入实现了本土车厘子自由，不幸的是车厘子此时尚未传入中国，你只有本土小樱桃可以吃。

·结局 B
——达成成就：人生赢家

除了女装之外，男装也是服饰行业中的一大市场。你潜心研读明朝有关服饰的法律，将合乎规定且新颖的款式投入市场，不出三年便成为男装行业的佼佼者，成为曾经竞争对手面前的一座大山。

·结局 C
——达成成就："你已经引起了我的注意！"

皇宫后苑偶遇，向来是宫斗文中妃子吸引皇帝注意力的必要手段，只要衣服不出问题，皇帝在散心时遇到美人在侧，总会给一个好脸色。恭喜你，你已经实现了宫斗至关重要的一步："爱妃，你已经成功吸引了朕的注意力。"接下来只需谨言慎行就好。

·结局 D
——达成成就：搭配参谋

你这次不仅不能在衣着上出错，还要艳压别的妃子，让皇帝对你留下印象。经过数日的观察，你为求稳妥，没有改变衣服样式，而是在色彩搭配上下功夫，决定多采用高级又柔和的莫兰迪色系。没想到你的装束没引起皇上的注意，反而令皇后对你有了些兴趣，从此你变成了皇后娘娘身边的"得力参谋"，经常帮皇后参考搭配。

衫 / 袄

百年传承李氏
裁缝铺掌柜

这位小娘子，走过路过不要错过，我们裁缝铺又上新了不少新潮款式的衣服，包你穿上艳压众人！

想要挑选一件合适您身材的衫子吗？咱们店里裁缝手艺好，各种各样的领襟款式任你挑选。您可以先看看领子款式：直领、圆领、竖领您比较喜欢哪种？选好领子款式以后，再看看您喜欢大襟还是对襟。

明初的时候直领对襟短衫袄交穿比较流行，直领大襟短衫袄也不错。若您生活在明朝中后期，想跟上时尚潮流，就得选长一些的袄子。这时候南方还流行直领大襟的中长衫袄，北方已经开始流行竖领了。

我们很多生活在崇祯时期的顾客，都喜欢长达一百二三十厘米的衫袄，这时候裙子几乎只能露个边，如果您想展现裙子的花纹，切记不要选这么长的衫子。

另外，明代衫袄流行收袂的袖子，现代俗称琵琶袖，如果需要窄袖也需要定制哦！

总之您记住，明朝的流行服饰是随着时代变化而不断变化的，想选到自己心仪的衫袄，需要提前做好功课哦！

举手提问，明朝的小姐姐们不穿方领衫袄吗？

关注问题　　写回答　　邀请回答　　添加评论 分享 举报 …

查看全部答案

　　定陵有出土疑似方领对襟衫袄，因为出土衣物太过残破，其他墓葬并未发现相同形制，只有出土方领对襟比甲，因而被怀疑修复的可信度，但因为定陵出土的方领对襟衣物数量众多，所以目前仍有不少商家在制作。

直领大襟

直领对襟

圆领大襟

圆领对襟

竖领大襟

竖领对襟

比 甲

推 荐 人

刚开张的苏氏
裁缝铺掌柜

比甲

上新啦！上新啦！来看看我们家新做的比甲吧！

比甲，也就是背心，有圆领、方领、直领、竖领，无袖或短袖等多种组合款式，多数是通裁开衩，一年四季都能穿。

在衫袄的外面，套一件精美的比甲，你就是精致的大明女孩。

比甲的长度是跟着衫袄的长度而变化的，如果是长衫袄呢，可以找我们定制长比甲。定制服务，包你满意。

如果您想买一件御寒的比甲，我们家也有。普通比甲一年四季都能穿，而这种通袖长度在120~160厘米之间，有御寒功能的比甲呢，也可以叫"披袄"，混着叫没关系，没看到潘金莲喊着李瓶儿帮忙拿件"披袄子"过来，等到大家把衣服穿好出门街逛花灯，兰陵笑笑生就说众人穿的是"比甲"了。这就像是羽绒服（披袄）与外套（比甲）的关系，一个表述的是御寒功能，一个说的是形制。

开业促销，限时折扣，购买两件比甲还能打折，小姐姐不进来看一眼吗？

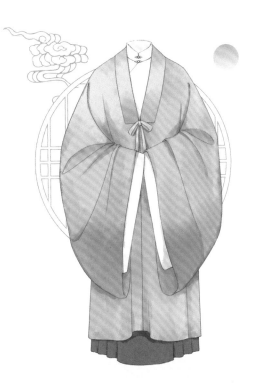

披风

直领对襟披风

最近被隔壁新开张的裁缝铺抢了不少生意，呸，真讨厌。

说起这披风，本来是男装，不过到了明朝中后期，很多女孩子都喜欢穿它。它的特点是直领对襟，半领，通裁开衩，直袖或大袖。

披风是穿在衫袄外的第三层衣物，领子一般是固定的设计，系带或玉花扣系结，看您比较喜欢哪种?

您觉得这披风太素雅，想要一些缘饰? 诶，披风一般是便服，普遍没有缘饰的，有边缘的那种是氅衣。您要是想要富丽堂皇一点儿的，可以选这件带花鸟纹的披风。

披风通袖长度一般略短于衫袄，内层衣物的袖子会自然露出一截，有一种混搭叠穿的 Style。

这种披风男女都能穿，您选一件带给您男朋友也不错呀! 一般来说，男子披风穿于道袍之外，女子披风穿于长衫袄之外。不过因为女子穿着披风的时代较晚，所以披风不宜搭配短衫袄。

记住啦，晚明女子三件套: 长袄、披风、马面裙，一件好的披风真的很重要!

氅 衣

推 荐 人

李氏氅衣
专营店掌柜

　　我们李氏裁缝铺家大业大，在各地都有不少专营店，我们家就是专门定制鹤氅的。

　　这氅衣又称鹤氅，文人穿着鹤氅的文字记录，魏晋时已有，只是不知道它具体是什么样子，也有宋代氅衣的图画资料传世，有明确的文物要到明代。

　　原本氅衣是男子穿的服饰，后来也有不少女子穿起了它。不得不说，大明女孩从男朋友的衣柜里抢了不少衣服。

　　我们明朝流行的氅衣大概有两种，一种就是袖子部分下缘不缝合用披的氅衣，类似现代道士穿的衣服；另一种为有袖子的氅衣。直领对襟、大袖敞口或直袖，衣服四周全缘边。

　　氅衣一般不开衩，如果您想要定制开衩的氅衣，记得给掌柜留言。

　　您问这氅衣什么时候穿比较好？其实它就是一件外套，御寒神器就是它。总之，买了不亏！

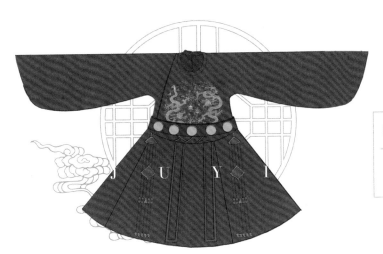

鞠 衣

J U Y I

宁靖王夫人吴氏的鞠衣是目前唯一出土的鞠衣实物，其上半部分为圆领大襟，下摆则用十二片直角梯形拼接而成，裁片为全幅布对角斜裁。

据小tips 梅雪无名考

我衣帽间里的衣服，普通人也没资格穿。就拿这鞠衣举例吧，它是古代王后六服之一，九嫔及卿妻也都能穿，属于深衣制的礼服。皇后穿红色，上面有云龙纹，郡王妃、郡主穿青色，纹样根据品级而不同。

鞠衣一般不单穿，它套在衫袄、褙子（四襈袄子）之外，外面可以再穿一件大衫搭配霞帔。

每当我看到那些精美的衣服时，我不由得感叹，有钱人的生活就是这么枯燥无趣。

大衫霞帔

霞帔

大衫

大衫霞帔是明代命妇的礼服，尤其是凤冠，只有皇后、皇妃才能戴。

大明贵妇范儿，说的就是它。

作为有品级规定的衣服，自然不是你想要什么样子就什么样子啦。在明朝，各品级对应的颜色纹样有严格的规定。比如皇后冠服，大衫用黄色，纻丝纱罗随便用。霞帔为深青色，织金云霞龙文。

皇妃与亲王妃冠服则是衫用红色，霞帔是深青色，织金云霞凤文。

郡王妃冠服也是大红色衫衣，霞帔以深青为质，金绣云霞翟文。

如果你投胎到了平民百姓家，你这辈子唯一一次穿大衫霞帔的机会，可能就是在自己的婚礼小小地"僭越"一下了。好好珍惜这次机会吧！

琵琶袖

圆领袍

推 荐 人

皇家制衣坊
发言人周氏

　　欢迎再次来到大明服饰频道。这次出场的是历史悠久又广受欢迎的圆领袍。圆领袍是明代冠服，圆领大襟，通裁开衩，男袍有外摆，女袍则有褶摆，长度应垂至脚面。

　　明朝是一个等级规定比较完善的时代，不同品级官员、命妇使用不同等级的补子[①]，而为常服（缀有补子的也可以称作"补服"）。

　　还有一种圆领袍，前后衣身及两肩上，饰有不同题材填充而成的通肩柿蒂纹，下摆部分也会加上膝襕，俗称通袖袍。依据填充的纹样题材不同，又可再分为蟒袍、飞鱼袍、斗牛袍、麒麟袍等。

　　女装礼服里的霞帔，对外命妇来说，按制度原本是搭配在大衫之外（大衫内穿着圆领袍），后来也出现过省略大衫，直接以圆领袍搭配霞帔的情形。

　　想要定制圆领袍的朋友，带着你们的品级官位资料到我这儿报名，不接待无品级的庶民，望周知。

①明清时期，官服胸前或者后背圆形或者方形织物。

马 面 裙

推 荐 人

百年传承李氏
裁缝铺掌柜

马面裙（侧褶裙）

打褶区

内裙门

可以比外裙门大

外裙门

随时代流行，宽度随意

新鲜出炉的云凤麒麟马面裙，小娘子来看看吗？

马面裙又叫侧褶裙，其于两侧打合抱褶，前后各有一段光面，叫做"裙门"，或称为"马面"。马面裙为两片共裙腰，共四裙门的结构，一般认为由宋代两片裙演变而来，穿着后由于前后交叠，只会看到两个马面。

大明女孩的衣柜里，不能没有一件精致的马面裙！

明代马面裙用横向带状装饰，我们称为"裙襕"，裙襕有单双之分，单襕裙多半只有底襕；而若为双裙襕，膝襕普遍较宽，底襕较窄。

我们店里大部分马面裙都是宽膝襕的裙子，搭配短衫或者长衫都行。现代比较流行的那种宽底襕的裙子，在我们这儿流行得比较晚，可以搭配长衫穿着。

满 褶 裙

推 荐 人

百年传承李氏
裁缝铺掌柜

如果姑娘您穿腻了马面裙，也可以考虑考虑比较小众的满褶裙，出门不容易撞衫。

满褶裙虽然也是两联式的结构，但是并没有裙门，而是整件裙子打满褶子。

比较明确的满褶裙文物有定陵出土的绢黄大褶裙，两片裙身都打满了顺褶，一起固定在裙上。据推测也有使用贴里褶子制作的满褶裙。

如果您觉得这种满褶裙形制存疑，尚有不少没考据清楚的地方，我们这儿也有不少时兴款式的马面裙供您挑选，这边请！

明朝男子穿衣层次

CHUAN YI CENG CI

上半身

1

汗衫

2

衬袍（贴里）或 衬衫 +

主 服（道 袍 or 直 身）

3

氅 衣 / 披 风

下半身

4

衬 裤

5

衬裙（裰子）

推荐人：百年传承李氏裁缝铺掌柜

如果您想给男朋友买衣服，我们这儿也有不少款式可供挑选。

首先，您需要添置一件男式衫袄。

衫袄为男子第一二层衣物，第一层为汗衫，第二层则是用来保暖。庶民会单穿衫袄，而士大夫主要穿袍，衫袄是穿在袍服底下的。您可以根据自己对象的身份来购买。

男子衫袄，有直领大襟、直领对襟、竖领大襟、竖领对襟、圆领对襟等形态，款式很多，看您比较喜欢哪种。其中明代刘鉴墓出土的竖领大襟短衫，是女装所没有的形制。

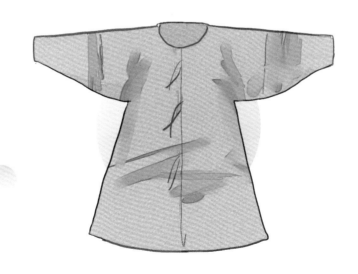

DAQIHUASHANHG

直身的结构为直领大襟，大袖收口，衣身通裁，于两侧开衩，接双摆在外。为士人百姓日常正装，也可以穿在圆领袍等其他袍服之下。

直身

直身两侧有摆，且摆在外部。

道袍开始流行于隆庆、万历年间，是明代晚期最具代表性的文人服饰之一，上至皇帝，下及庶民，都很喜欢穿。其结构为直领大襟，大袖收口，衣身于两侧开衩，有内摆。

道袍

道袍有摆，而且摆在内部。

直褶目前比较有共识的定义是，直领大襟，两侧开衩，而无接襕的通裁长衣。直褶一词本由僧侣服饰而来，后来文人也跟着穿着，其后进入平民百姓的服饰体系。一说僧侣的直褶本来的样貌是下接裙裳的分裁服饰，目前仍保留在日本的僧人服饰中。明代的直褶大抵指交领长衣，也有主张认为直褶因为其便服性质，适合庶民百姓穿着，所以只有窄袖而无大袖。

直
褶

  贴 里

　　贴里起源于蒙古，是蒙古语"有褶子的袍子"的意思，其上衣与下裳分裁后缝合，上衣为交领，下裳由两联构成，在裳的腰部打褶，或用细小顺褶，或用工褶。

　　明代受到元代服饰的影响，上至宫廷下至平民百姓，经常会穿贴里。贴里除了单穿，也可以穿在袍内或褡护之下，可以说是非常百搭了。

贴
里

飞鱼服

锦衣卫

锦衣卫穿的飞鱼服太帅了，怎么才能穿上它呢？

关注问题 写回答 邀请回答 添加评论 分享 举报 …

查看全部答案

　　首先你需要弄清楚的是，飞鱼服是一种纹样，不是形制。飞鱼服属于明朝四大赐服当中的一种，并不是只有锦衣卫才能穿的哦。除了飞鱼服之外，麒麟服、斗牛服和蟒服也是明代赐服，其中蟒服的等级是最高的，仅次于皇帝的龙袍。为了穿上精美纹样的衣服，奋斗吧少年！

曳撒（裰襉）起源于蒙古。虽为蒙古人民的发明，但在进入明代后，成为锦衣卫及武官的常见服饰。

可以说，威风凛凛的锦衣卫形象，离不开充满异域风情的帅气衣服曳撒。

其上身为直领大襟，前襟与下身分裁，而后身通裁不裁断，下半部为类似马面裙的结构，正中央有裙门但开衩在两侧，两旁左右有摆。衣身常饰有云肩通袖襕与膝襕，上用麒麟纹、飞鱼纹等。

外摆

曳撒

贴里和曳撒的区别

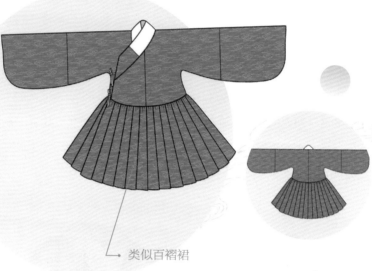

贴里

贴里上下是分裁的，裙身为两片

开衩分离。

类似百褶裙

曳撒

曳撒前分裁，后通裁。可能同时

有内摆和外摆。

两者最大的区别是外摆的有无，以及衣身背后是否有褶子。

DAHU

褡护

• • •

    褡护为蒙古音译，最初指的是一种半袖皮衣。但据元明实物与图像资料，褡护后来不仅有皮质的，还有其他材质，成了当时一种时髦的"背心"。

    褡护为直领大襟，原本是两侧开衩，后发展出外摆。明代男子通常穿在直身之外，或者作为圆领袍的内衬衣物。

向往飞鱼服的

大明男孩

作为一名有志向的大明男孩，你努力地考科举，想要升职加薪，迎娶白富美，从而……可以穿上纹样精美的各种补服。

在明朝，只有达官贵人才有资格把各种禽兽的补子绣到衣服上，这是你高贵身份的象征。

不同职能、等级的官员朝服上的补子又有所不同：文官绣飞禽，寓意文采飞扬；武将绣瑞兽，代表骁勇英猛。

比如一品文官的补子图案是仙鹤，传说三国名臣费祎仙逝后乘着仙鹤登仙而去，游览四方，所以仙鹤能代表永生，是生死之间的引路鸟。而一品武将绣的是麒麟兽，比喻德才兼备的人，旨在勉励武将修身养性，文武双全。

一只鸟、一只兽都能有这么多的文化内涵，那如果有一个动物可以兼顾飞禽与走兽，集万千祥瑞于一身，是不是特别牛气？一点也没错，说到这里，就不能不提最受欢迎的大明服饰纹样之一——飞鱼纹。

明代的服饰多半运用织金、妆花、绣花等工艺，而飞鱼纹是其中非常受欢迎的纹样。

飞鱼这名字虽说听着平平无奇，但绝非只是条会飞的鱼那么简单，它的来历可不一般。据《名义考》载，飞鱼不仅身上的花纹花里胡哨、花花绿绿，而且体型巨大，能乘风而行，飞得特别远特别高，牌面完全不输给《逍遥游》里的鲲鹏。

明朝飞鱼服的纹样就更牛了，是在龙形上加鱼鳍、鱼尾稍作变化而成的，所以叫"飞龙"可能比"飞鱼"更合适一些。装饰有飞鱼纹样的各形制衣服，便被统称为"飞鱼服"。

在古代，龙是九五之尊的皇帝专用的，能和龙扯上关系，肯定非同小可，所以飞鱼服不是谁都能穿的。

明代对衣着的管理格外严苛，活在明朝，饭可以乱吃，衣服不能乱穿。明朝皇帝对它的穿着群体有相当严格的规定，天顺二年，规定官民的衣服不得用蟒龙、飞鱼、大鹏等。到了弘治十三年，皇帝甚至下令，公、侯、伯爵位和文武官员如果违例穿飞鱼服，也要治以重罪。

那么都有哪些人可以穿飞鱼服呢？

首先它是皇帝直属机构锦衣卫的公服，《明史·舆服志》记载："嘉靖八年，更定百官祭服……独锦衣卫堂上官，大红蟒衣，飞鱼，乌纱帽，鸾带，佩绣春刀。"

除此以外，飞鱼服还是明朝的一种赐服，也就是皇帝赏给有功之臣的衣服。它的尊贵性仅次于蟒服，因此能被赐予飞鱼服的都是明朝的牛人。比如明朝中期的内阁首辅高拱，曾一度在内阁呼风唤雨，但他在考中进士奋斗二十一年后，才获得了人生中的第一件飞鱼服。

明朝真有人因为飞鱼服差点搞出人命。嘉靖十六年，兵部尚书张瓒穿了件蟒服，嘉靖很生气，后果很严重，他对内阁学士夏言说："尚书就是个二品官，怎么能穿蟒服啊？"

夏言说："人家穿的是您赏赐的飞鱼服，长得像蟒服罢了。"

但嘉靖反驳道，飞鱼哪有两只角？皇帝就是任性，他不要你觉得，他要他觉得，所以一气之下，嘉靖干脆让礼部把文武官员随意穿蟒衣、飞鱼服、斗牛服的权利都撤销了。

可能是由于明朝前期对穿衣规定了太多条条框框，到了中后期，乱穿飞鱼服的僭越现象非常严重，各种史料、小说都有表现。

比如《金瓶梅》里有这么一段，说西门庆官任山东提刑所千户的时候，内府将太监何沂的侄子何寿新派给西门庆当副手，何沂为了让西门庆对侄子多关照，给他送了一身飞鱼绿绒氅衣。西门大官人虽然艳名永垂千古，但只不过是个五品官，也没立过什么大功，按理说连飞鱼服的衣角都抓不着，可他偏偏就穿了。

《醒世姻缘传》里还有珍哥穿飞鱼图案衣服的记录。西门庆怎么说也是个有编制的官员，珍哥却只是晁家的一名小妾，原先是个唱戏的，竟然也穿上了尊贵的飞鱼纹衣料。

那时富商违例穿飞鱼纹衣服的现象也比比皆是。要知道，明朝一直奉行重农抑商原则，商人的地位还不如普通百姓。庶民可以穿绸子、素纱、绢这些衣料，商人再有钱，也只有穿绢和布的资格。

明代中后期，经济的发展对封建礼教造成了很强的冲击，富商巨贾们争相去穿曾经的"禁服"，想要借此提高自己的社会地位，装点一下有钱人朴实无华且枯燥的生活。

也正是在这一时期，官场贪墨横行、暴虐成风，佞臣污吏肆意鱼肉百姓，"锦衣卫"和"飞鱼服"成了人们心中狰狞奸恶的代表。

飞鱼不是简单的一种服饰纹样，刻在它那炫目多彩纹样里的，是一个封建王朝的制度规范、盛衰荣辱。

明代贵妇的  收藏夹

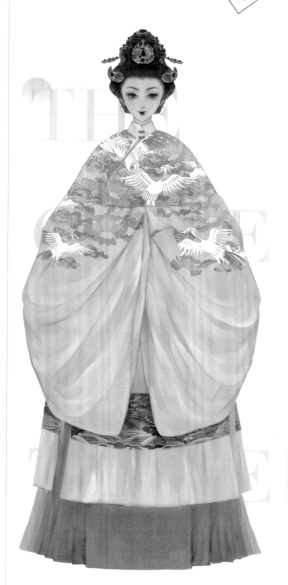

小时候看古装剧，除了被各路仙女的神仙颜值吸引，最关注的就是主角们发髻上华丽的簪钗了——谁小时候还没个发卡别满头的经历呢！

随着这几年各大剧组开始对"服化道"上心，各类古装剧的服饰也算是慢慢走上正轨。除了清宫剧，以往较少出现在荧幕上的明代剧也开始崭露头角。

在明朝，不仅发饰奢华，贵妇们还流行用簪钗将鬏（dí）髻插满——可见当时女性对簪钗的重视程度。那么今天我们就来一起看一看明代贵妇们的首饰"收藏夹"！

小 型 簪

· 洪武时期贵妇偏爱 Top1

戚家山俞通源墓出土的牡丹形金簪

这是 1978 年南京中华门外，戚家山俞通源墓出土的牡丹形金簪，长约 14cm，簪首宽 10.5cm，簪针为扁平状。其中簪顶用薄金片锤叠出两重牡丹花片后，再用金丝缠绕连接。花瓣与叶子均有錾（zàn）刻出的细线纹。

打开洪武时期的明代首饰盒——你会发现，她们的发簪簪身短小，样式相对简洁。而且为了响应朱元璋倡导的俭朴生活作风，金银簪也比较少。

镶宝金头面

·永乐至万历时期贵妇最爱 *Top1*

沐斌夫人梅氏墓出土

2008 年南京江宁将军山

与洪武时期截然不同，永乐时期贵妇的首饰盒可谓是珠光宝气——这个时候的明代社会趋于安定，经济稳步发展。贵妇们强悍的经济实力，为明代"奢侈品"行业做出了不可磨灭的贡献。除此之外，簪钗更是成了阶级地位的象征。

《明史》中《志第四十三·舆服三》记载："正德元年，令军民妇女不许用销金衣服、帐幔、宝石首饰、镯钏。"可见这的确是贵妇专属的无硝烟"战场"呀！而要赢得这场战役，单独的簪钗实在是有点寒酸，一定要来点全套的头面。

镶宝石火焰纹金顶簪[①]　　镶宝石凤纹金分心　　镶宝石云形金掩鬓　　镶宝石莲花金簪

[①]祁海宁. 南京江宁将军山明代沐斌夫人梅氏墓发掘简报 [J]. 文物 (5),2014：45-49

·明代贵妇的时尚 *Tips*

特权能戴珠宝，我们当然要积极利用起来！

有些小姐妹担心穿金戴银显俗气，别怕，跟着我们的攻略戴这一套头面，出门的时候那叫一个艳压群芳、气质出尘。

首先要强调一下，在较为隆重的场合，姐妹们，听我的，一定要带鬏髻！发量告急的姐妹们，请用圆锥或者圆塔状的发罩拢住头发！当然我建议发量够的也这么做，毕竟，头发丢失了就回不来了……

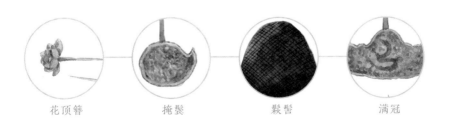

花顶簪　　　掩鬓　　　鬏髻　　　满冠

头 面

·明代贵妇的时尚 *Tips*

只要照着买，你就是整条街最富贵逼人的崽！头面最顶上的一定是"挑心"，正面中间位置的一般戴"分心"。划一下重点哈！分心的背面才是满冠，一定记住满冠是戴在脑后，千万别戴反了闹笑话。

至于左右两边的簪子种类，不做限制，姐妹们可以根据自己的想象，随意发挥！想富贵一些的，我强烈建议金累丝凤簪可以来一套！

楼 阁 人 物 簪

· 天启年间到明代末年的贵妇 *Top1*

明桃形楼阁人物金簪　江阴博物馆藏

这时期，佛道、神仙题材更加流行。

看惯了尘世的富贵浮华，此时的贵妇们开始偏爱有些仙风道骨风韵的簪钗。其中亭台楼阁庙宇之类的设计元素也开始出现，不由让人叹为观止，果然只有想不到，没有做不到啊！

我们的明代簪钗"收藏夹"游览到此结束啦！
新的一年，戴上最美的簪钗，去和姐妹们一起出街玩耍呀。

文 / 瑶华

少套行头？
服店，要准备多
穿越到明朝开婚

官员篇

作为一个穿越到明朝的婚纱店主，我选择了人杰地灵的江南，并依靠主角"金手指"，成功地开了一家婚服店。不过，要经历纳采、问名、纳吉、纳征、请期、亲迎这"六礼"的古人，肯定不能像现代人那样穿婚纱和燕尾服了，那我该准备哪些婚服呢？

赶紧翻开书本查一查，可这一串"爵弁（biàn）玄端""纯衣纁袡""襜褕袿衣"看晕了我，到底是"红男绿女"，还是"男女深绛"？我只知道除了皇帝、皇后穿戴的衮冕服、袆衣和九龙四凤冠外，官员、士人和庶民结婚的服饰是各有不同。唉，还是去实地考察一下吧！

"年少朱衣马上郎，春闱第一姓名香，泥金帖贮黄金屋，种玉人归白玉堂"。今天办婚事的这一家，新郎是年轻有为的官员，新娘也出身官宦人家。在这样的喜事上，新郎要戴"簪花"乌纱帽，穿大红圆领袍，胸背缀本品级补子，身上还要"披红挂彩"——就是将红绸交叉披在身上，真是喜气洋洋啊！

男子官员婚服 DAQIHUASHANHG

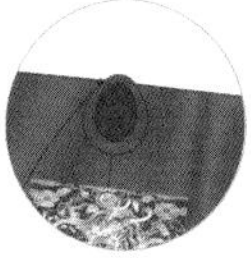

首服

袍服

足服

配件

穿越到明朝开婚服店，要准备多少套行头？

　　新娘则穿戴自己品级的命妇服饰，必不可少的是戴在头上的翟冠和披在肩上的霞帔，这是明代后妃、命妇的礼服装束，也是明代官宦人家新娘的标配。就比如今天这位新娘，她的夫君是七品官员，她的品级标准礼服是"冠花钗三树，两博鬓，三钿；翟衣三等，乌角带……衣销金小杂花霞帔，生色画绢起花妆饰，镀金银坠子"。真是规定得太细致了。

　　这翟冠，也有不少讲究，不同品级的翟冠上的装饰有较为严格的规定。以一品命妇的"五翟冠"为例："一品，冠用金事件，珠翟五个，珠牡丹开头二个，珠半开三个，翠云二十四片，翠牡丹叶一十八片，翠口圈一副，上带金宝钿花八个，金翟二个，口衔珠结二个。"这个戴上去，估计对颈椎的考验不小！七品官员的新娘，不仅翟冠的珠翟减少为二个，也不能用珠牡丹，要用月桂，上面的装饰也要改用银制。

　　在喜娘的吉祥话里，新娘装扮好了，头戴凤冠、肩披霞帔，身穿大红通袖袍、大红长裙、红色绣花鞋，头罩一块绣有五蝠捧寿或者百子登科等吉祥图案的红色方形巾帕——也就是盖头，挡住了好事者的窥视，也有祈福的寓意。

女子命妇婚服

DAQIHUASHANHG

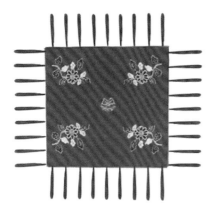

方形盖头

配件

霞帔

袍服

足服

明代凤冠

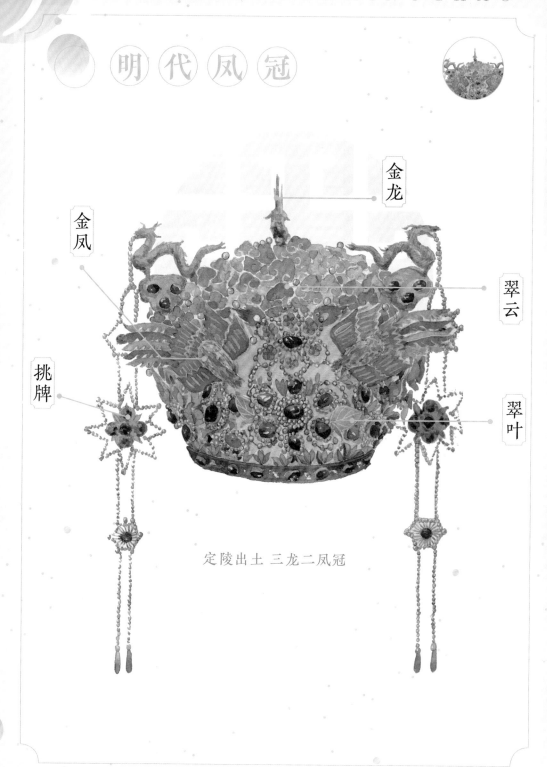

金龙

金凤

翠云

挑牌

翠叶

定陵出土 三龙二凤冠

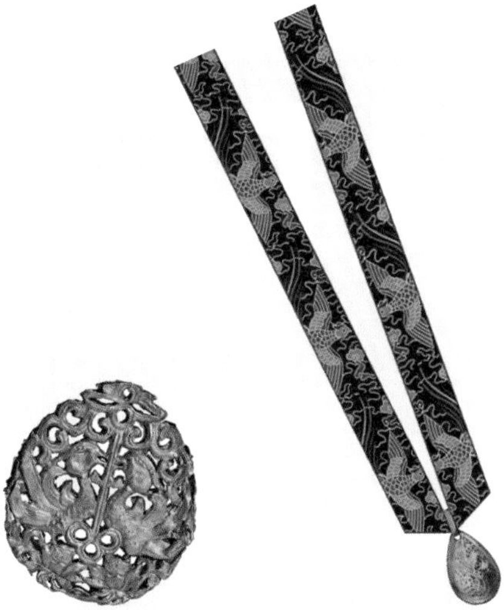

霞帔

坠子

品级服饰中还有"坠子",这个是项链还是耳坠呢?都不是,它是和霞帔配套使用的。霞帔像是现代的披肩,区别在于它是锦缎制成,质地较轻,为了让它垂下,尾端坠有帔坠。

文 / 瑶华

穿越到明朝开婚
服店，要准备多
少套行头？

平民篇

我的客户可能有很多是平民，他们的婚服同样也要先备好。在明代，"摄盛"制度允许婚嫁时平民穿着九品命妇之服，所以普通人家的新娘也可以"僭越"穿戴上九品官员标准的翟冠霞帔。此外，新娘还会穿大红通袖袍或真红大袖衫、官绿马面裙、红盖头和红绣鞋。生员、举人婚礼多穿青圆领袍，簪花，披红，着皂靴。生员也可以穿襕衫，普通平民婚礼则多穿道袍。

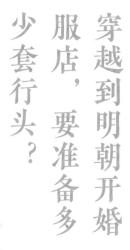

首服

袍服

平民男子婚服

根据撷芳主人主张绘制

平民女子婚服

DAQIHUASHANHG

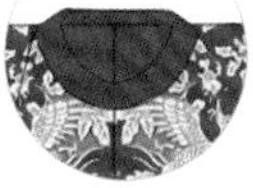

方形盖头

袍服

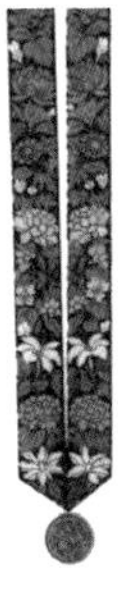

霞帔

足服

在了解了基本的需求后，我很快就接了新生意。比如今天结婚的这一家，出身书香门第，但男方还没有考取功名，新郎穿"青线绢圆领、蓝线绢衬摆"，簪花挂红那是必须要准备的，新娘的装束是"大红妆花吉服、官绿妆花绣裙，环佩七事"（参考《醒世姻缘传》）。

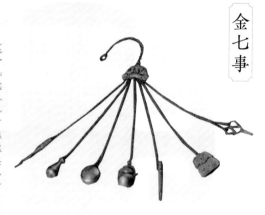

金七事

这个"七事"可得解释一下，是祥云、花果等形状的金牌饰下面缀着的七条金链，每条下面缀着一个装饰用的坠物，质地有金、银、玉等，挂在胸前叫"坠领"，挂在裙腰称"七事"。有的"七事"是方胜、葫芦一类的吉祥物，还有的是小剪刀、小荷包等日用品，大概是希望新娘做个贤惠的主妇吧！

看到新娘对另一家置办的"大红纻丝麒麟通袖袍儿，素光银带，文王百子锦袄"流露出羡慕的神色，看来那家的新郎已经考中了功名，她回家要好好督促自己的丈夫读书了。

不过，我也从同行那里了解到，虽然明初制定的服制等级分明，少见僭越，但后期有钱人越来越爱炫富，庶民婚服也不再遵循规范，只要能够负担得起，就尽可能地装饰奢华。不仅料子可以用锦缎，纹样也可以使用织金、镶嵌珠翠、刺绣等多种装饰，乃至模仿官员、命妇的服饰，不再去被宪典束缚，反而是官员被束手束脚不敢僭越。

美妆大赏

第五章

古代网红博主安利

WANGHONG
BOZHU

【大将军梁冀之妻】
东汉美妆博主孙寿

个性签名：对不起，长得好看就是可以为所欲为。

你可能对孙寿这个名字不太熟悉，但在东汉时期，她可是著名的网红博主，粉丝无数。《后汉书》中说她"作愁眉，啼妆，堕马髻，折腰步，龋齿笑，以为媚惑"。

当时流行把眉毛画得细而曲折，好像在皱眉一般，然后在眼睛下方涂抹一些阴影，好像哭过的泪痕，而这，就是影响了东汉所有少女审美的"愁眉啼妆"。

可只化妆是不够的，美人们还需要一个完美的发型。孙寿发明了"堕马髻"——故意将发髻歪到一边，仿佛骑马之后头发自然散落的样子。走路还要"走猫步"，整个人一副娇滴滴弱不禁风的模样，再配上似笑非笑的"龋齿笑"，实在是太美太魅惑了。于是人人都效仿她的妆容，形成了一股"哭哭啼啼柔弱美少女"的潮流。

这位外表柔弱的美女博主，性格是不是也温柔如水呢？其实，柔弱的外表只是她的人设罢了。

事实上，这位将军夫人相当彪悍，曾带着众多奴仆暴打老公梁冀的情妇，逼得在朝廷中飞扬跋扈的大将军跪地求饶。没想到吧，梁大将军竟是个"妻管严"！

梁冀长期把持朝廷，在朝中安插亲信，贪污腐败的事情没少干，终于遭到汉桓帝的清算，最终夫妻二人一起畏罪自杀，自此孙寿引发的潮流才告一段落。

半面妆发明人徐妃

个性签名：皇帝来了？快帮我把半边的粉抹掉！

　　徐妃是南朝梁元帝的妃子徐昭佩的别名，她出生于名门，是南齐太尉的孙女，南梁将军徐绲的女儿，后来嫁给了当时还是湘东王的萧绎。萧绎是个艺术家，精通书画，文化造诣相当高，后来还登基当了皇帝，可以说是天选之子了。唯一的缺憾是他是个"独眼龙"，早年因病瞎了一只眼睛。

　　两人结婚之后，夫妻感情一直不太好。每当徐昭佩听说萧绎要来找自己，便化上著名的"半面妆"故意恶心萧绎。

　　萧绎见了果然很生气，怒气冲冲地责问徐妃："你为何总是只化一半的妆，把自己搞成这副模样？"

　　徐妃听了很淡定："这半面妆配独眼龙倒是正好。"

　　萧绎怒气值 +1000，愤而离开。

　　除了化半面妆恶心萧绎外，徐妃还非常爱喝酒，喝醉了还往萧绎身上吐。三番五次之后，萧绎再也受不了她的"作"，逐渐疏远了她。独守空闺的徐妃愈发苦闷，整日借酒消愁，没事就跟后宫的其他妃子唠嗑。后宫的生活实在无趣，百无聊赖之下，徐妃便看上了朝中的"小鲜肉"季江，留下了"徐娘虽老，犹尚多情"的典故。

　　萧绎头上的绿帽戴得如此明显，之前他看在儿子萧方等的面子上没有计较，可太清三年，萧方等带兵出征，战败后溺水而亡。萧绎趁此逼徐妃自杀，最终徐妃投井而亡。

　　虽然徐妃的半面妆非常有名，在当时属于引领时尚的妆容，却因为效果过于惊悚，只能用于惊吓讨厌的人，所以没有引起大范围的效仿。

【杨玉环的三姐】

唐朝美妆网红虢国夫人

个性签名：天生丽质难自弃。

本报记者张萱发来了一张虢国夫人的最新街拍，让我们来一起看看现在最近风头强劲的大唐风尚吧！

注意到领头的黑衣"男子"了吗？放大看，你会发现"他"长得眉清目秀，面庞圆润，长的像一名女子，关于"他"的性别小记者还在争论中。

《虢国夫人游春图》

街拍的中心，是两名贵族打扮的夫人。两人都穿着盛唐时期流行的帔帛，梳着"堕马髻"，粉丝们都猜测这就是虢国夫人姊妹。不过也有粉丝指认，那位身着男装，走在前面的女子，她才是真正的虢国夫人。

虢国夫人是宠妃杨玉环的三姐，同时也是大唐的"素颜女神"，别人化妆是为了美颜，她却怕脂粉遮住了自己的美貌，索性只画眉毛素颜出门，引领了一股"裸妆"风潮。

【南唐国后 · 李煜妻子】

南唐大 V 周娥皇

个性签名： 这一曲琵琶，为你奏响。

最近出门上街的时候，有没有发现街上多了许多发髻高耸的少女？

在南唐时尚 icon 大周后的带领下，"高髻纤裳"和"首翘鬓朵"等造型风靡一时，引来南唐少女们的争相效仿。

到底这个神秘的高髻发型是什么模样？其实高髻在唐朝就已流行，在时尚记者周昉发来的时尚大片《簪花仕女图》中，我们能一睹它的神秘风采。画面左端的贵夫人发髻高大，上插牡丹花一枝，髻前饰时下流行的玉步摇，正是高髻的发型。不过有些学者认为，《簪花仕女图》头上的牡丹花，是宋人补绘的。

如果发量不够，可以考虑用假发代替，说不定下一个唐朝时尚达人就是你了呢！

《簪花仕女图》

【 魏 晋 玄 学 大 V 】

美容达人何晏

个性签名：请不要过分关注我的容貌，我的文章也写得不错。

　　美容达人何晏是曹操的养子，容貌俊美，皮肤细腻，深受当时少女们的欢迎。由于他长得实在是太白了，魏明帝怀疑他偷偷擦了粉，于是在盛夏时故意赐他热汤面吃。不一会儿，何晏吃得大汗淋漓，拿起衣服擦自己脸上的汗，没想到擦完以后脸显得更白了。这便是"傅粉何郎"的由来。

　　天生丽质的美容达人何晏，近日透露了自己的美容秘方："吃了五石散以后，不仅明目治病，精神也好多了。"

　　不仅如此，五石散还有美白的功效，于是在人人爱美的魏晋时期，五石散成了贵族们养颜美容的标配，吃不起五石散的贫苦人士，还会袒胸露腹躺在街头，装作是吃了五石散的模样。

　　五石散虽好，毒性却很大，本报记者温馨提醒，不要为了美丽得不偿失哦！

【唐 朝 知 名 度 最 高 的 贵 妃】

大唐时尚icon杨贵妃

个 性 签 名： 回 眸 一 笑 百 媚 生， 六 宫 粉 黛 无 颜 色。

作为一名精致的唐朝美人，就连出汗都是精致的。

《开元天宝遗事八卦周刊》报道过，夏日天气炎热，每次我出汗的时候，都出的是香气浓郁的红汗。

偷偷告诉你们，这是因为我在平时涂抹身体的香粉中，加入了朱红的胭脂，这样制成的身体乳，不仅有美白的效果，还能滋润肌肤，一举两得。

除开抹身体乳，去角质也是护肤必不可少的一环。在这里，要给大家推荐一款便宜好用的去角质神器——益母草灰，每周去一次角质，再抹上特制的护肤乳，你也能拥有天然娇嫩的肌肤！

历代口红流行款

妆容·大赏

不管是哪个朝代的女孩子，都需要一支属于自己的口红。

古代女子的唇妆大多数都是以自然唇形为主，普遍流行"樱桃小口"。本栏目小记者经过多方打探，邀请到部分时尚 idol，为大家展示当时某款流行唇妆。

切记不可以偏概全哦！

潮 流 口 红 · 专 栏

汉朝

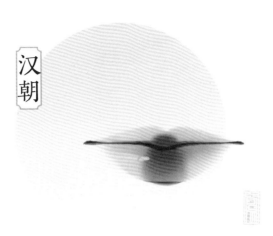

汉梯形

汉朝流行简洁朴素的妆容，唇妆方面『汉梯形』独领风骚。它的画法很简单，首先将嘴唇染成粉色，然后上唇点圆，下唇则画成梯形。

魏晋

樱桃小口唇妆

魏晋流行樱桃小口，这种妆容有点儿类似我们今天的『咬唇妆』，唇妆并不会铺满。

潮流口红·专栏

唐朝

唐朝时期依然流行樱桃小口，只是多了许多复杂的花样。上下两片花瓣唇，合起来时像一只翩翩起舞的蝴蝶，显得唇形精致又玲珑。

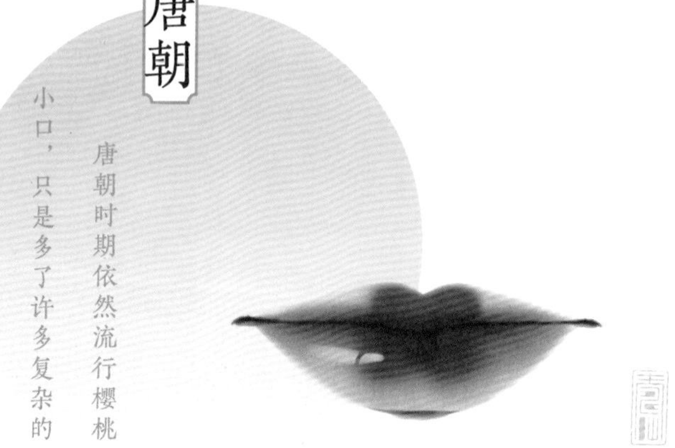

蝴蝶唇妆

宋朝

椭圆唇妆的画法很简单，姐妹们学起来！将嘴唇中间涂上椭圆形状的唇妆，其他位置大面积留白，一个宋朝流行的椭圆唇妆就新鲜出炉了！

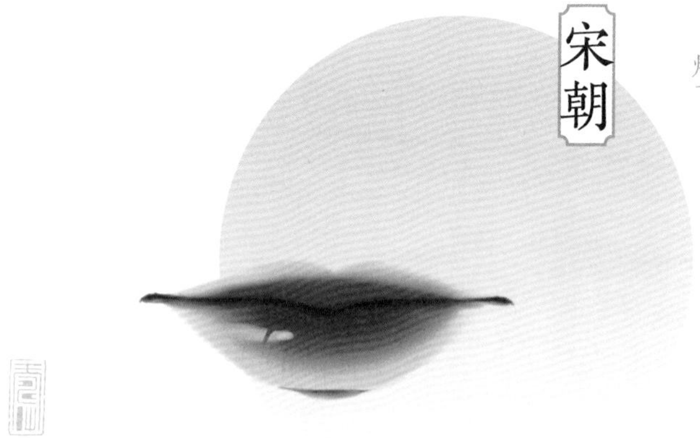

椭圆唇妆

潮 流 口 红 · 专 栏

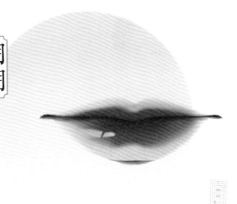

明朝

为清晰。

的轮廓相近，边缘轮廓则较

这种内阔唇妆，和嘴唇

内 阔 唇 妆

清朝

清朝的花瓣唇妆，画起来并不简

单。首先需要用粉色的唇膏打底，上

嘴唇涂满口红，下嘴唇则画出椭圆小

花瓣的形状，你学会了吗？

花 瓣 唇 妆

CHAO LIU KO HONG JIAN SHA

唐朝美妆博主的个人修养

文 / 空城烟火

◆ ◆ ◆

小山重叠金明灭，鬓云欲度香腮雪。懒起画蛾眉，弄妆梳洗迟。

照花前后镜，花面交相映。新帖绣罗襦，双双金鹧鸪。

温庭筠的《菩萨蛮》以细致的笔触，饱蘸柔情地描写了一位唐代美妆博主的日常工作。该美妆博主背后的公司邀请了大咖温庭筠参与其包装、推广，使得她名噪一时。

但是大浪淘沙，她的名字已经被忘记，空留下这阙词，向后人展现着当时美妆博主梳妆打扮的场景。

唐代的美妆博主们，可以说是用生命在追求美，其事业心可歌可泣。

众所周知，铅粉是有毒的，而唐朝美人们每次化妆的第一个步骤，就是在脸上敷上厚厚的一层铅粉来打底。

铅粉的遮瑕效果想必是立竿见影的，在《水浒传》中，武松逃跑时，孙二娘还用铅粉给武松涂面，将其扮作行者模样。

盛唐著名美妆博主@牡丹Juliana说，每个女孩梳妆台上都应该有一盒质量上乘的铅粉。

除此之外，胭脂也是必备单品，李煜有诗云：

林花谢了春红，太匆匆，无奈朝来寒雨晚来风。

胭脂泪，相留醉，几时重，自是人生长恨水长东。

可以说用对了胭脂，泪流满面也一样好看。

在唐代，想要成为一名受欢迎的美妆博主，提升描眉技术也是必修课。单就眉妆画得好这一项，就能为自己圈粉无数。

眉笔也分三六九等，其中最贵的一种叫螺黛。

螺黛是古代妇女用来画眉的一种青墨色矿物颜料，出自波斯国，每颗值十金，一般都是宫人所用，民间的有钱人家才用得起。

唐代著名美妆博主 @腊梅 Angel 表示：眉毛画得好，老公回家早。她后来嫁给了一个叫朱庆馀的书生。后者曾写下"妆罢低声问夫婿，画眉深浅入时无"。

平民出身的女孩可以选择物美价廉的铜黛。

铜黛化学名叫碱式碳酸铜，翠绿色，作为画眉的颜料，极易得。喷水在铜表面上，过一段时间就会长出铜绿，用刀刮下来就可以用了，但是有微毒。

@腊梅 Angel 的闺蜜，除了美妆博主还兼任平面模特的丰满型青春美少女 @秋菊 Sweety 表示："我宁可用着铜黛笑，也不想用着螺黛哭。"

不少粉丝为秋菊小姐姐如此正的三观打 call，但是还有一部分路人表示，用着螺黛的自己是舍不得哭的。

唐代的美妆博主们一度效仿时尚教主上官婉儿，给自己贴上了花钿。

花钿是一种额头上的装饰品，有一种说法是由上官昭容所发明，而上官昭容就是上官婉儿。

相传当年她撩武则天的男宠张昌宗，武则天大怒，取金刀划伤她的额头。为掩饰额上的伤痕，上官婉儿就自己做了花钿贴在额上，这样看起来却更加妩媚动人，于是妃嫔宫女纷纷仿效，花钿也因此流传开来。

当然，美妆博主们一样热衷于买口红。

唐朝诗人刘希夷的《相和歌辞·采桑》中说道："红脸耀明珠，绛唇含白玉。"由此我们可以看出口红对化妆的重要性。

女作家孟晖的《私语口脂香》中描述了唐代口红的万种风情：

那时的口红，称"口脂"，也叫"唇膏"或"檀膏"；那时的口红，不仅有色，兼而有香，所以"朱唇未动，先觉口脂香"；那时的口红，还特别容易褪落。

于是美妆博主们各显神通，脑洞大开，发明了"口红的 72 种涂法"。

今日长安热门话题：

还在涂樱桃小口吗？你 out 啦，快来看看网红妹子们玩出了什么新花样

这两种蝴蝶唇风靡长安，@ 翠竹 Jessie 妹子手把手教你涂

添加评论 分享 举报 …

上面这些化妆品，除了个别名贵且稀少的品种外，大部分在唐代工艺已经成熟，形成了完整的产业链。有专门种花、采香料的农户，也有专门生产化妆品的作坊。

因此，在唐代，尤其是盛唐，美妆博主是受人尊敬、收入颇丰的职业。

在那个放飞梦想的时代，哪怕你不够丰腴，只要相信自己是最棒的，你也可以成为一名日进斗金的美妆博主。

◈ 唐朝美妆博主化妆七步骤 ◈

第一步

先来个磨皮式铅粉打底。

第二步

少量多次给脸颊晕上胭脂，是否能拥有少女感腮红就靠这步啦！

第三步

用黛粉描出"蛾眉"（友情提示：画这种"唐范"的眉妆要先把眉毛剃掉，想尝试的小姐姐真的需要勇气）。

唐朝美妆博主化妆7步骤

第四步

贴花钿。相信很多小姐姐都向往过对镜贴花钿吧！让你充满古典美人韵味的神器可不要错过。

第五步

脸颊处点上两点，也就是点面靥（yè）。

第六步

在太阳穴的两边各画上一个红月牙，称为"描斜红"。

第七步

涂唇脂（口红），唐朝以樱桃唇和花朵唇最为流行。

妆造复原大赏

ZHUANG ZAO FU YUAN DA SHANG

模特：@我不是小馨

摄影：@十睿·CHEN

参考@洛梅笙 资料

唐朝

Tang Dynasty

宋
朝

SONG CHAO MEI ZHUANG BO ZI

明
朝

Ming Dynasty

潮流汉风

THE
GUIDE
TO
TRAVEL

第六章

当传统服饰遇上现代配饰

文 / 蝈蝈

　　若是汉服没有断代，发展到现在会是什么样子呢？虽然答案我们无法知晓，但可以在传统服饰得以存续的少数地域中探得一二。

　　我常常惊叹于邻国服饰爱好者的巧思，在标志性轮廓的基础之上，是他们天马行空的想法。"他山之石，可以攻玉。"多年之前，我就在尝试汉服与现代配饰的搭配可能，在此简单分享。

丝巾　项间一抹亮色

　　起初将丝巾用于汉服搭配是一个巧合——

　　去年夏天，我偶得了一条棕色系的棋盘格纹古董方巾，上面缀满了白蔷薇，满眼都是复古气息和柔和的丝质光泽。

　　丝巾的抢眼，在于其繁复的花纹和大胆的色彩，在平淡的穿着搭配里，它就是点睛之笔。

　　那个时候我想单穿一件方领半袖配裙，但空落落的脖子总让人觉得头轻脚重，不大自在。于是我随手拿来那条丝巾，围在方领的内侧，叠出交领的样子，上身一瞧，竟觉得效果不错。就这样，我就像一个懵懵懂懂的小孩，一头撞开了另一个方寸世界的大门。

自此我便放开了胆子。日
常的汉服装扮并没有那么多条
条框框，除了自己，别人也并
不会给你太多关注。于是我开
始淘各类丝巾：纯色的、印花的、
棉质的、缎面的……让我一眼
惊艳的，一定得收入麾下。

 丝巾的搭配

About Silk Scarf

以至于后来，当友人从土耳其给我发来一张当地丝巾的照片时，我的第
一反应竟是"啊！这条可以搭配我那件墨绿洒金的半袖"，并嘱咐其千万要
买下。

若是有人问起内搭，你看，这不就是里面穿了假交领打底的样子吗！

　　当然，当丝巾遇上汉服时，产生的火花可远远不止内搭一种。随意地把它披在肩上，或挽在颈间，有时候伪装成飘带也会有奇妙的效果。在冬日里换上暖和的羊绒围巾，也是道不一样的风景。

帽饰 —— 性格赋予灵感

我尝试过许多种帽子与汉服的搭配：夏天的草帽、冬天的贝雷帽……后来又一脚踏进古董帽饰的深坑。

帽子往往不是必需品，但因为这一顶帽子的独特性，可能会提升整套搭配的整体性：

清爽的蓝白配色让人联想到咸咸的海水气味，藏蓝短衫和白纱裙是夏日好伴侣；点缀着蕾丝的草帽带来甜蜜的气息，是春夏时节公园里的田园风；纱质飘带更显服装的轻盈飘逸，与欧根纱马面裙有着极高的相配度；若是一本正经戴上毛线帽——对不起，那可能真的是太冷了，我得裹紧我身上的羊绒袄子。

不囿于时间和空间，只看你想要什么风格，或是想传达的想法。

　　在接触到古董帽饰后，我惊叹于那些经历时间洗礼，却依然精细无比的设计和工艺。然而，心头好往往难得，可那些经过时间沉淀的气质、细微之处的装饰，一定能带来搭配上的灵感，无论是汉服还是时装。

阳伞 撑起生活气息

　　曾几何时，我执着于穿汉服一定得配油纸伞，奈何油纸伞不敌晴天的高温，只得重新投入普通阳伞的怀抱。在尝试了几次之后，竟有了意想不到的效果。

　　相比于折叠伞，我更钟爱长柄伞，往手臂上一挂，晃晃悠悠之间，产生了一股英伦绅士感，让人想起《雨中曲》中的场景。

　　这种小直径的阳伞是我最喜欢的，它们大多产自日本，我曾见过许多穿着和服的姑娘们撑着，充满了生活的气息。若是遇上巧妙的搭

配，更是惊艳。

　　白底红波点的阳伞，是我收集的伞中最百搭的一把，活泼可爱又自带柔光效果。夏日炎炎中我喜欢跳跃的色彩，仿佛各种水果气泡水，咕噜咕噜冒着泡泡，在阳光下闪着光。湖蓝色的波点裙、流黄色的折领短衫，再加上茶红色的抹胸，伞上的红波点与其呼应，虽都是亮色，却有着微妙的平衡。

　　橙红色的欧根缎裙配上白色对襟衫，我觉得稍显平淡，于是用一把浅蓝色格子伞作为搭配，形成反差，格子中的橙色细线又与下裙的颜色一致，竟也合适。

　　不抵触现代产物，反而与之有着良好的适应性，我想，这就是传统服饰的包容度。

　　一千个人眼中，有汉服存在的一千种方式。而我在探索的，是如何让汉服融进现代生活中——在正式场合与礼服之外，日常生活中可以穿着它吗？会不会被认为是奇装异服？如何克服心理上的障碍？

　　或许一些现代的日常小物可以给你答案。我不要复杂的发髻，不用满头的珠翠，只像与平时一样简装出门，穿着汉服行走于阳光之下。

图文 / 我不是小馨

大明时尚周刊

精致的大明女孩，衣柜里一定少不了一件比甲。

比 甲 篇

圆领比甲

从明代早期到晚期，比甲的长度越来越长。

领型上，明早期多为方领，而晚期最常见的是直领，至明末清初，也有圆领出现，可以根据自己生活的时代和喜好来选择比甲的款式。不过太长的方领比甲，可能是走错了片场哦！选购的时候一定要小心。

方领比甲

时髦的女孩子们知道，用纵向线条分隔衣物可以在视觉上达到显瘦的效果，明朝时也是如此，在衫子外面搭一件色彩和谐、面料考究的比甲，可以让人看起来更显瘦。

显瘦就是王道！难怪比甲成为了明朝时尚女孩的最爱。

《金瓶梅》里的时尚女孩也爱穿比甲，比如庞春梅是"头戴银丝云髻儿，白线挑衫儿，桃红裙子，蓝纱比甲儿"；潘金莲是"白银条纱衫儿，银红比甲，蜜合色纱挑线缕金拖泥裙子"。不管穿哪件衣服出门，比甲都是你搭配中不可或缺的时尚单品。

比甲穿搭

披肩篇

披肩，也叫云肩，是从隋朝发展而来的一种衣服装饰，最开始只是衣服上的纹样，到晚明时则变成可以穿戴在衣领上的装饰。到了清代，云肩成为人人都爱的时尚单品，岁时节令或婚嫁时都会穿上它作为装饰。

披肩的形式多为四合如意形，也有条带形。它一般做成两层八片垂云，每片云子上或刺绣花鸟草虫，或刺绣戏文故事。

霞帔

霞帔不仅仅只穿戴在嫁衣上，它还是命妇的礼服的一部分，是身份的象征。

披风

天气渐凉的时候，大明女孩的衣柜里一定少不了一件挡风的披风。

明朝时期，由于大明女孩喜欢包住颈部的款式，于是纽扣开始在衣服上被广泛地应用起来，披风也不例外。有钱的小姐姐可以考虑玉花扣或金银纽扣，穿上立刻显得雍容高贵。

长衫+披风

通 袖 袍

《金瓶梅》中，西门庆给自己的妻妾们做衣服，妾是"每人做件妆花通袖袍儿，一套遍地锦衣服"，正妻则是"两套大红通袖遍地锦袍儿，四套妆花衣服"。

在明代，花样繁复又精致的通袖袍，只有大户人家才穿得起。

在大明富婆的衣柜里，你肯定能看到一两件通袖袍。而嫁给官员的明朝新娘们，也会穿着真红大袍，也就是大红色的圆领通袖袍，她们肩膀上还会有披挂着霞帔，表明自己的品级。

一 构 思

在拍照之前，你需要提前构思出汉服写真的主题，是武侠风、宫廷风还是仙女风。有些小可爱可能想多种风格一起尝试，但我建议一套片子的风格最多两种，并且是两种近似的风格，比如武侠风，你可以拍刀光剑影感觉的照片，也可以拍闲云野鹤感觉的照片，这样的两种风格放在同一套图里并不冲突。

图文 罗小城

汉服摄影教程

◈ 1. 拍摄道具 ◈

　　道具的作用，一是为了完善这张照片的人物设定，比如江湖侠士可以用剑，翩翩公子可以用笛子，大家闺秀可以用团扇，深宫贵人可以用琵琶等，道具一拿上，味道就出来了；二是利用道具来遮掩，因为不是每个人都能达到专业模特的水平，对于拍照时摆姿势不太熟练的人，道具是一个很好的拍照利器。

❖ 2. 服化 ❖

　　妆面与造型在汉服
摄影里是非常重要的一
步，它们也是决定一张
照片好不好看非常关键
的因素。首先服化需要
符合拍摄主题，其次可
以在符合主题的情况下
加一些小创意进去，可
以让你的照片显得独特
一些。

三 摄影构图

摄影构图是前期必不可少的功课之一，五个简单实用的摄影构图方法分享给大家。

1. 中心构图

注意背景的对称，将人物放在照片中心的位置。这种构图用于拍全身多一些，可以很好地将人物融入到景色中。

2. 三分法构图

将图片分成九宫格，人物的眼睛只要在四条线的交叉点附近，画面就是和谐的。

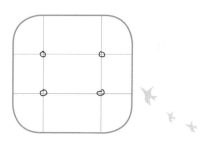

❖ 3. 前景虚化 ❖

可以拿一些花草树木或者披帛来做前景，前景虚化可以让画面看起来干净很多，也可以给画面增加层次感。

❖ 4. 留白 ❖

天空、水边、墙壁是留白最好的构图地点，只以一个人物为主体，干净的背景会提升整张照片的格调。

5. 大头

　　这应该是摄影里最简单的构图法。一般大头照对五官的要求很高，如果没有专业模特那种精致的五官也没关系，可以通过拍摄角度来解决这个问题。

四 光线

1. 顺光

顺光是摄影中最常运用的光线，也是最不容易出错的光线，当阳光照在脸的正面，这时候面部是没有什么阴影的，可以大胆地进行拍摄，保证每张照片都会好看。

2. 侧光

阳光打在身体的侧面，拍摄时可以让模特将脸稍微面向阳光，没有阳光的一面会有一些阴影，让人物有一些明暗关系，使画面更有意境和层次感。

❖ 3. 侧逆光 ❖

　　利用这种光能在人物身上拍出轮廓光，太阳落山前一个半小时是侧逆光拍摄最好的时候，这个时候的光线是最柔和的，打在模特身上会使模特更加柔美。

❖ 4. 逆光 ❖

　　依旧是在太阳快落山前拍摄最好，可以让人物完全背对着光，注意背景不要曝光过度，否则面部可能会过暗，如果出现这种情况需要通过后期调亮。

◈ 5. 剪影 ◈

明暗对比强烈，人物几乎全部淹没在阴影里，只有人物的轮廓和光源会突显出来。

五·后期

◈ 1. 调色 ◈

首先要在 Lightroom 里将照片统一调基础色，再使用 PS 修完脸之后进行局部调色。

◈ 2. 修脸 ◈

人像摄影的修图主要是在脸部，使用液化工具的时候，注意不要把五官或者脸部轮廓拉变形，要在接近本人的基础上局部微调，不用一味追求大眼睛、高鼻梁、尖下巴。磨皮的时候要注意面部的阴影，如果把本该是暗的地方也磨亮，那样整张脸就会变得很奇怪。磨皮是一个需要长期锻炼的技术活儿，时间久了自然会找到门道。

总结：一张好的照片是经过不断拍摄和调整得来的。只有反复练习、实践，才会拍出好的作品。最后，希望大家都能拍出自己满意的作品。

汉服拍照动作小贴士

拍照

PAI ZHAO

图文/罗小城

拿着团扇，端坐看向镜头。

端坐，双手交叉放于膝盖。

伸手去碰花。

看地，这样裙摆会有好看的线条。

将团扇拿在身体的一侧并轻轻往上推，这样可以带动裙摆、袖子、披帛都飘动起来。

用袖子挡住一边脸。

将伞架在肩膀上。

看向扇子。

坐在树上看远方。

做一些舞蹈动作。

图书在版编目（CIP）数据

汉风潮流志／古人很潮 编著.
一武汉：长江出版社，2020.4
ISBN 978-7-5492-6154-3

Ⅰ.①汉… Ⅱ.①古… Ⅲ.①汉族–民族服饰–服饰
文化–中国Ⅳ.①TS941.742.811

中国版本图书馆CIP数据核字（2020）第057055号

汉风潮流志／ 古人很潮 编著

出 版	长江出版社			
	（武汉市解放大道1863号 邮政编码：430010）			
选题策划	漫娱图书 郭 昕			
市场发行	长江出版社发行部			
网 址	http://www.cjpress.com.cn			
责任编辑	钟一丹			
特约编辑	郭 昕 郝临风 杨宇峰 买嘉欣			
总 编 辑	熊 嵩			
执行总编	罗晓琴	开 本	710mm×1120mm 1／16
装帧设计	徐 蓉 邓 婕	印 张	14.5
印 刷	武汉新鸿业印务有限公司	字 数	180千字
版 次	2020年4月第1版	书 号	ISBN 978-7-5492-6154-3
印 次	2023年2月第9次印刷	定 价	45.00元